学习源自好奇　科学改变未来

未来能源

第一辑·全10册

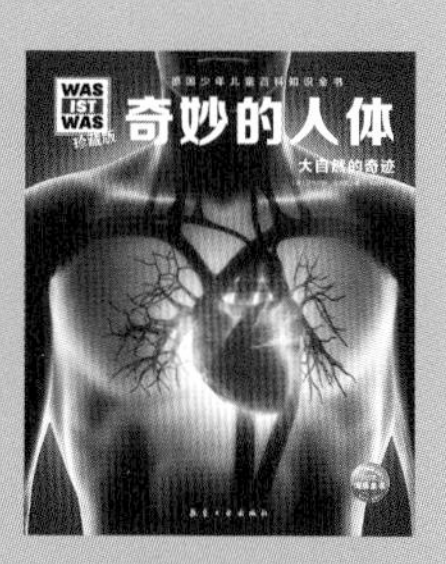

第二辑·全10册

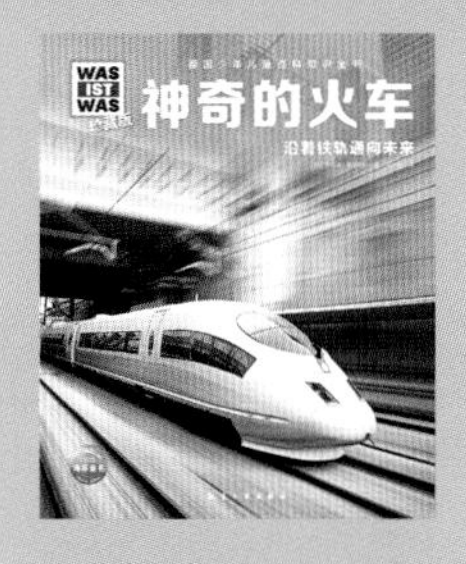

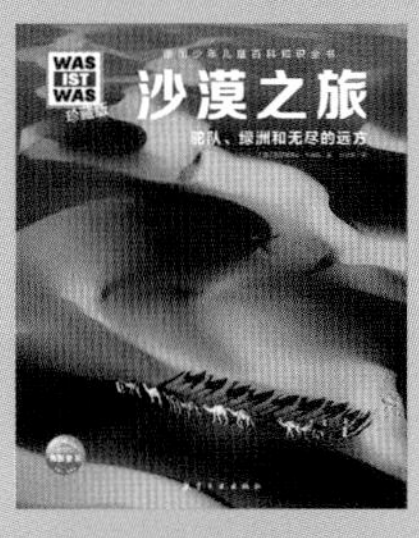

第三辑·全10册

第四辑·全10册

第五辑·全10册

第六辑·全10册

第七辑·全8册

未来能源

让世界动起来

[德]劳拉·赫纳曼/著 赖雅静/译

航空工业出版社

方便区分出不同的主题！

真相大搜查

6

每当夜晚来临，就能明白人类对于能源的需求有多大。

4 无所不在的能量

符号▶代表内容特别有趣！

12 地球的能源

12

巨大的挖掘机在开采煤矿。

14

黑金石油为自然生态带来可怕的灾难。

16 原子核的巨大力量

28
直接生产电力——透视风力发电机

38

你知道怎么节约能源吗?

46
我们的未来?
大城市将使用 100% 的洁净能源。

重要名词解释!

能量
不会凭空消失

嘉年华期间，屋外传来了游乐场的欢乐喧闹声，让正在吃午餐的安娜坐立难安，身体总是不停地扭来扭去。“今天你真是充满活力呀！”爸爸答应她：“别急，等一下就带你过去，让你一次玩个过瘾。”才刚到游乐场，安娜立刻朝云霄飞车的方向冲了过去，还抢到最前头的座位，正好可以仔细瞧一瞧拉动云霄飞车的链条是怎么运作的。链条将云霄飞车缓缓拉到最高处，接着停顿了一下，这时，安娜可以清楚地感觉到自己的心脏正扑通扑通地跳，犹如暴风雨前的宁静。刹那间，云霄飞车向下俯冲，而且速度越来越快，沿着陡峭的轨道奔驰前进，突然翻转了过来，仿佛天地颠倒，安娜和其他乘客全都吓得惊声尖叫。玩过了云霄飞车和旋转秋千，安娜的头发也变得很凌乱，但是她依然笑得很开心。爸爸笑着问她：“嘿！开心的小太阳，我看现在的你，精力已经消耗得差不多，没剩下多少能量了吧？”早已累得说不出话的安娜，只能默默点着头。

什么是能量?

到了晚上，安娜躺在床上，心里一直想着“能量”这个名词。今天从哪里来的这么多能量，可以让她飞快地奔向云霄飞车呢？云霄飞车的能量又是从哪里来的？如果云霄飞车没有动力，又怎么能够翻转呢？还有，这些与父母平常谈论的能源转型政策，以及不久之前改用的绿色能源又有什么关系呢？

事实上，物理学家会告诉你，能量指的是做“功”的效用，但是这里的“功”，并非指功劳成就，而是借由人或机械所为。这样看来，云霄飞车的链条一定得做“功”，才能把云霄飞车拉到最高处；而安娜的肌肉也必须提供能量，才能使安娜快速地奔跑。

安娜舒服地躺在被窝里，仿佛自己搭乘了一趟远程的云霄飞车回来。没多久她就睡着了，梦见各种香甜可口的饼干、绿色的高压电线，还经历了云霄飞车翻转的惊险过程。

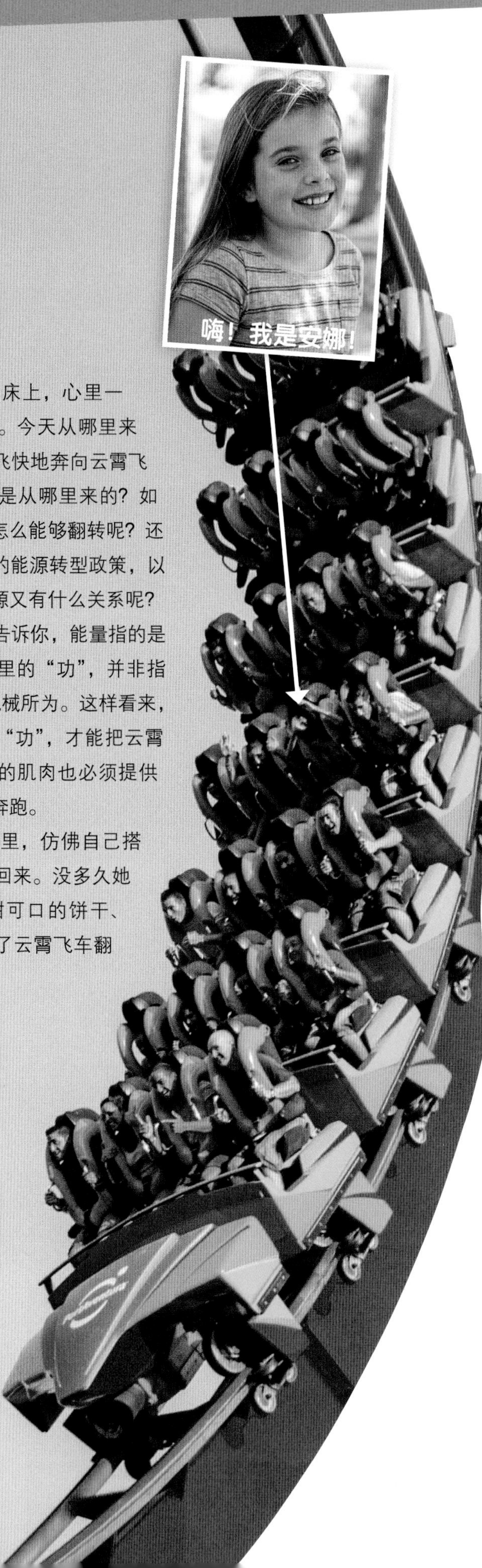

动能

物体运动时会产生动能，运动的速度越快，动能就越大；动能的英文称为“kinetic energy”。

能量非常特别，因为能量不会凭空消失，只会从一种能量形式转换成另外一种能量形式。宇宙中能量的总和恒定不变，称为“能量守恒定律”。

消耗的能量去哪里了？

先举一个简单的例子：太阳光可以让植物和蔬菜生长，而蔬菜蕴藏了“热量”，安娜吃下蔬菜就能把能量提供给全身的肌肉使用。

那么，位于高处的云霄飞车呢？它拥有一种能量称为“势能”，当云霄飞车向下俯冲，这时候，势能就转变成“动能”。如果云霄飞车最后停止不动了，能量是不是就此消失呢？

当然不是。想知道能量到哪里去了，就必须很仔细地观察哦！云霄飞车行进时所发出“轰隆轰隆、嘎吱嘎吱”的声音，是由于空气中的分子的振动而产生的，这样会消耗掉一些能量。另外，云霄飞车行进时和轨道摩擦产生热，这些热会传递到周围的空气中。这时，已经很难再细分这些能量了，因为热是由许多分子的运动所产生，这些分子的数量多得数不清，所以能量就被它们瓜分掉了，并没有凭空消失掉。

热 能

火山产生炽热的热气能够给我们提供能量；利用地热把水加热，可以用于供暖。

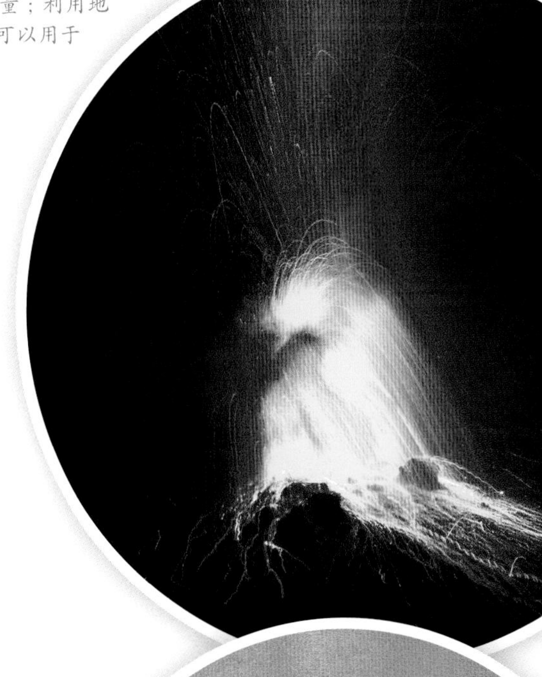

化学能

物体燃烧时，会把化学能转换成热能。

势 能

水力发电厂是利用水库的势能，水库的容量越大，可以产生的电力就越多。

电 能

当家家户户把电转换成光时，城市就会灯火通明。不过在这之前，发电厂已经先将热等其他形式的能量转换成电，再借由电缆把电输送到各地使用。

知识加油站

当我们说：“是什么把能量消耗了”的时候，其实指的就是能量从某一种形式转换成另一种形式。

人类对于能源的需求无度

灯海璀璨的欧洲

夜晚时可以清楚区分这些光点，仅仅为了照明，人类就消耗了很多能源。

伦敦

柏林

巴黎

马德里

罗马

光点在南美洲的大部分地区都相当微弱。

人类每天 24 小时都在消耗能源，尤其到了夜晚更加严重。人们打开电灯照亮住家、街道、足球场和工厂，利用能源让屋子里变得暖和，并且时时刻刻供应热水，让工厂的机械不间断地运作和生产。除此之外，发动汽车需要柴油或汽油，飞机则需要航空燃料才能飞行。当然，能源的消耗量也可以不那么多，例如在比较贫穷的非洲国家，当地居民消耗的能源仅是欧洲或北美洲的一半，然而一些亚洲新兴国家对于能源的需求量却越来越大。人们靠消耗大量的煤和石油，供应日常生活所需的电、暖气和燃料，但是这些天然资源有限，迟早有用完的一天，因此得加快脚步研发出新的替代能源，比如太阳能、风力、水力等再生能源。不过想要达成减少浪费、珍惜地球资源的目标，最好的方法还是尽可能节约能源。

你知道吗？

莫斯科
不适合人类居住的地区：
西伯利亚几乎没有人居住，
这里一片漆黑。
德里和新德里
东京
上海
丰饶的河流：
尼罗河沿岸有许多人居住。

璀璨的夜景

从这张全球夜间影像可以发现，美国东半部的大城市要比中部、西部多出许多；在南美洲，最明亮的地方莫过于巴西的圣保罗和里约热内卢了；瞧一瞧非洲，光点大多分布于尼罗河沿岸；反观印度、中国和日本，整个国土几乎被明亮的光点所覆盖。

还有一个主要地区的夜晚十分明亮，那就是欧洲，如果仔细看，可以从密密麻麻的光点中找到欧洲各国的首都，例如马德里、伦敦、巴黎、柏林、罗马等。

另一个引人注目的现象就是世界各地的沿海地区大多非常明亮，或许自古以来人们喜欢居住在海边讨生活，使得这里遍布许多大大小小的城市。

电是可用能源

一个人消耗的能量远比一只小小的苍蝇多得多，而一架飞机消耗的能量又比一辆汽车更多。物理学家把测量能量的单位称为“焦耳”，1 焦耳的能量很少，大概只够一只苍蝇挥动一次翅膀，反观一个成年人一天所需要的总能量，大约为 1 000 万焦耳！

能量的单位

为什么一般的电器产品上都没有标示它们需要多少焦耳的能量呢？原来还要看它们各自运转了多久。例如安娜在公园里慢跑两圈，她消耗的能量就是只跑一圈的两倍。同样的道理，一盏灯泡如果亮两小时，消耗的能量就是亮一小时的两倍。在日常生活中，经常会看见“瓦”这个单位，瓦是功率的单位，表示每秒所消耗的能量。例如：当所有灯泡的亮度都相同时，一盏传统白炽灯泡的功率是 60 瓦，节能灯泡却只有 11 瓦。

怎样产生电？

电这种能量可以用在很多地方，但是能量既不会无故消失，也不会无中生有，这表示在获得电之前，必须取得其他的能量来转换成电能。

为了获取电力，通常会利用涡轮机来转换能量，太阳能、水力、风力、核能、火力等发电厂都是用这种方式来产生电。涡轮机是一种

1 燃 料

燃烧煤炭、木柴等燃料时，储藏在燃料里的能量会转换成热能。

2 水蒸气

利用热能把水加热，能量便储藏在上升的水蒸气里。

3 废 气

燃料燃烧时会产生煤烟，这种会污染空气的煤烟粒子被过滤设备阻挡下来，干净的气体则经由烟囱排放到工厂外。

4 蒸汽涡轮机

水蒸气从下方源源不绝地冒上来，水蒸气分子推挤涡轮机上的小叶片，让涡轮机转动。

7 冷 凝

当水蒸气经过冷水管，会冷却变成液态水，这种水可以循环利用，再加热成为水蒸气。

控制室是发电厂的核心，所有设备都是由这里控制的。

如果用电线把电池的正、负两极和灯泡的接头连接起来，灯泡就会发亮。

产生动力的机械，利用流体的压力，推动涡轮机上的叶片高速旋转，再透过发电机，就能产生电流。

电　流

电能被储存在电池或蓄电池中，一端容纳许多正电荷，另一端则是负电荷，中间则有一片隔膜阻挡。正电荷和负电荷想要互相结合，就必须借由另外一条电线将电池的两端连接起来。一旦连上电线，电荷就开始流动。如果在电线中间接上一盏灯泡，电也会流经灯泡，使得灯泡发出亮光。

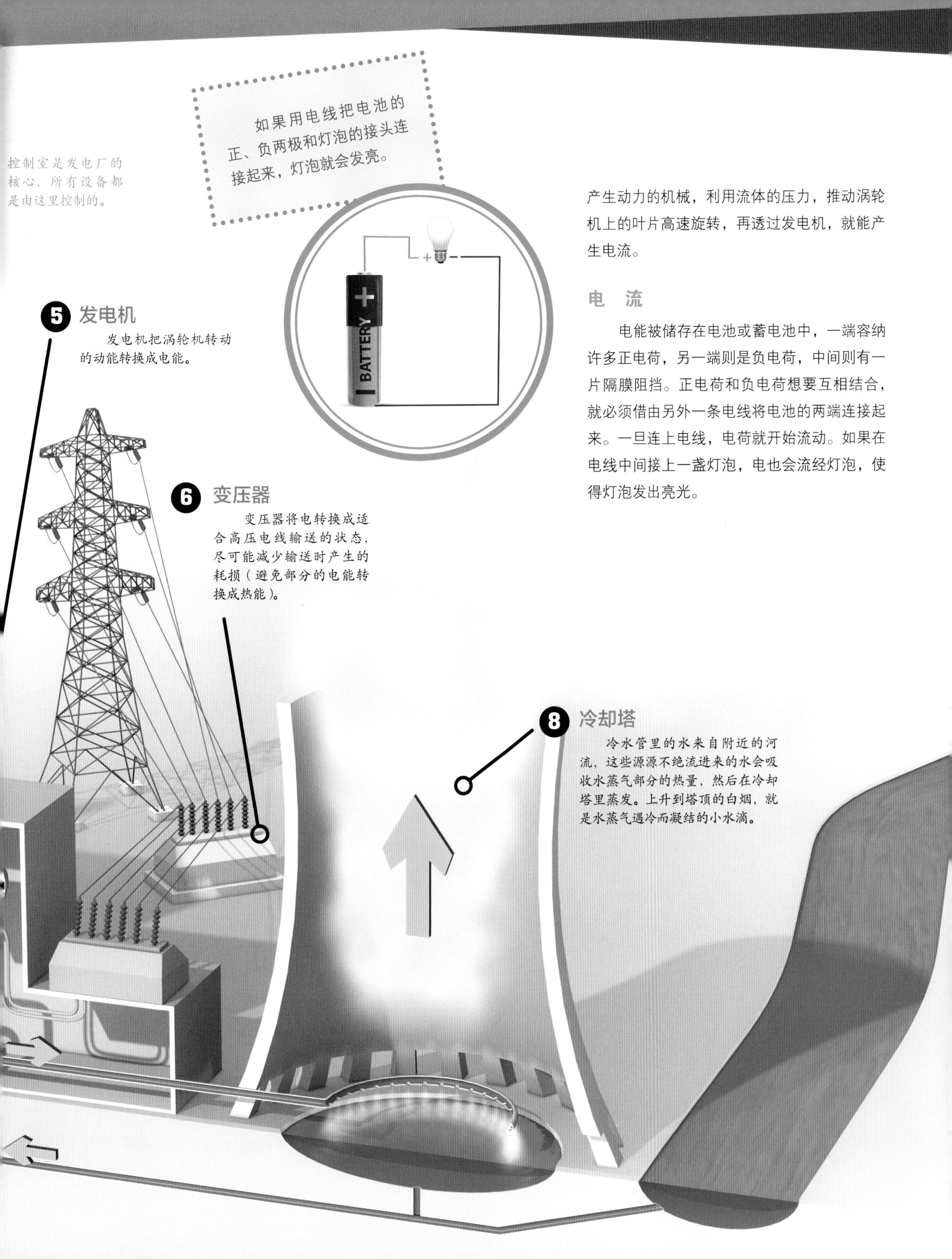

5 发电机

发电机把涡轮机转动的动能转换成电能。

6 变压器

变压器将电转换成适合高压电线输送的状态，尽可能减少输送时产生的耗损（避免部分的电能转换成热能）。

8 冷却塔

冷水管里的水来自附近的河流，这些源源不绝流进来的水会吸收水蒸气部分的热量，然后在冷却塔里蒸发。上升到塔顶的白烟，就是水蒸气遇冷而凝结的小水滴。

更高、更亮、更大的发电厂

为了获取电力，人类想尽各种方法，建造出许多雄伟的建筑。或许在不久的将来，就会出现更高的风力发电机、更长的水坝和更大的太阳能发电设施，这表明人们对能源的需求是永远无法被满足的。

178米

高度显然不会让这些工程师们头晕目眩。这座建于德国斯图加特附近盖尔多夫的风力发电机是目前世界上最高的风力涡轮机。这个三叶巨人高达178米，如果计算从地面到叶尖的总高度，它甚至高达246米。

850兆瓦（8.5亿瓦）

光伏发电系统能将太阳能转化为电能。中国的龙羊峡太阳能公园是目前世界上最大的太阳能发电站之一，其面积相当于3800个足球场的总和，可以提供850兆瓦（8.5亿瓦）的电力！也许不久以后，这座发电站也将被超越。

200米

位于德国莱茵河畔的尼德豪森发电厂，有一座塔壁最薄的混凝土冷却塔，它高约200米，墙壁厚度只有约30厘米。

224 亿瓦

水力发电厂拥有很多纪录。拦截长江的中国三峡大坝发电容量可以达到 224 亿瓦，年发电量超 1000 亿度。三峡大坝的高度约 150 米，而塔吉克斯坦共和国的努雷克大坝高度则约 300 米，是三峡大坝的两倍。另外，由巴西和巴拉圭共建的伊泰普水电站阻拦流经巴拉圭和巴西边境的巴拉那河水，每年能生产超 900 亿度电，足够满足巴拉圭约 80% 和巴西约 25% 的电力需求。伊泰普水电站的坝体长度将近 8 千米，但是与下游长达 69 千米的亚西雷塔水电发电站相比，真是小巫见大巫呢！可惜的是，这些科技上的伟大成就往往会对生态环境造成严重的破坏，并且迫使大量人口迁移，造成道德伦理上的疑虑。

杰出的科技成就

工程人员正在为涡轮机进行焊接工程，水力发电厂就是利用这样巨大的涡轮机来产生电力。

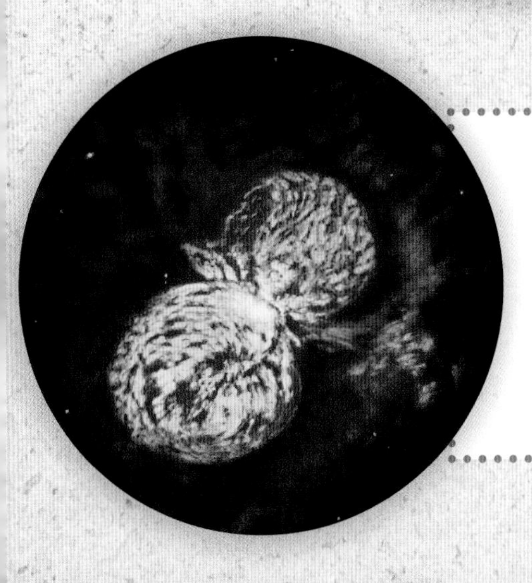

恒星释放出来的能量

对我们来说，太阳是天空中最明亮的恒星，因为和其他恒星相比，太阳与地球的距离近多了。不过和有些巨大的恒星相比，太阳就显得微不足道了。在我们的银河系里有一颗叫“海山二”的恒星，亮度是太阳的 400 万 ~500 万倍！不过海山二离地球太远，用肉眼也不容易看见。

煤和石油——全球最仰赖的天然能源

这个庞然大物是世界上最大的挖掘机，最前方如轮子般的构造，其直径超过20米，可以夜以继日地在露天矿场开采煤矿。

直到现在，煤和石油仍然是最主要的能源之一，在德国有许多发电厂都是利用煤炭发电。在200多年前，煤更是工业革命的推手，史上最早的火车是用煤炭驱动，而最早的蒸汽机也是利用煤炭完成原本需要许多人力才办得到的粗重工作，例如抽取矿坑里的水等。另外，现代生活也经常需要石油，汽车和飞机所需的石化燃料，不论是汽油、柴油或航空燃油等都是从石油中提炼出来的，各种塑料原料、人造纤维等也是利用石油制造的，例如塑料袋、塑料积木、尼龙衣、雨鞋，甚至清洗用的海绵等都是石油的产物。

煤和石油是怎么形成的?

在好几亿年前，当时恐龙还没有出现在地球上，陆地上刚开始有动物出现，大陆板块的分布位置和现在也不一样。在漫长的岁月里，煤和石油持续形成，所以在不同的矿坑中有时可以发现年代较为久远的煤层，有时却发现石油层较为久远，甚至两者是差不多时间形成。不过煤是在当时的陆地上形成，而石油则是在海底下生成。

煤

❶ 煤是在陆地上形成的。死去的植物残骸先形成了泥煤。

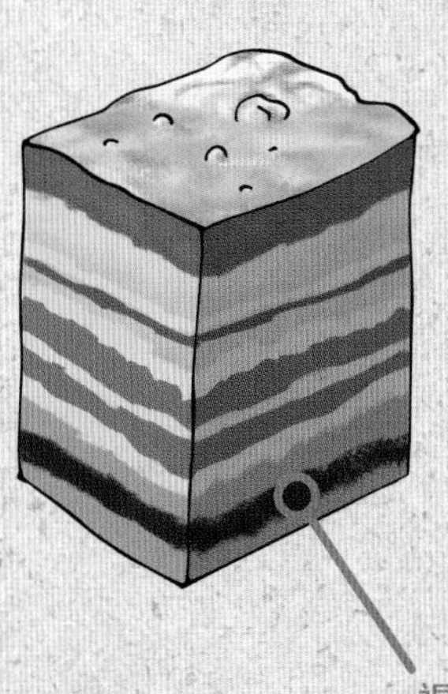

❷ 有淤泥和沙石逐渐堆积在泥煤上方，堆积的高度可达数百米。在挤压之下，底下泥煤层的温度越升越高，经过了几百万年之后，泥煤就变成了褐煤。

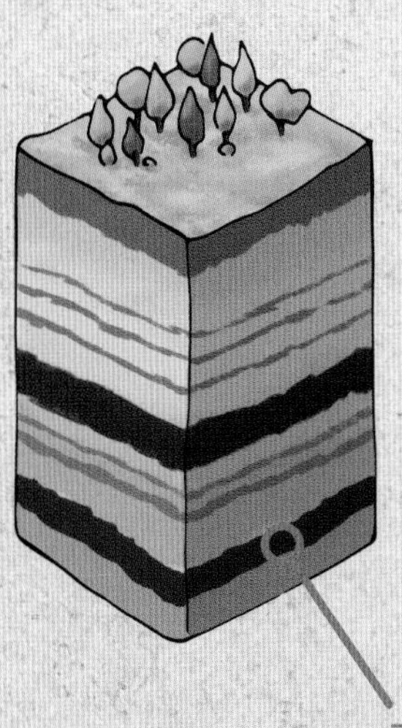

❸ 由于有更多的沙石堆积，褐煤层被埋得越来越深，温度也一直攀升，形成烟煤或无烟煤。有些矿坑所发现的烟煤已经有3亿年的历史了。

石 油

❶ 石油是在湖底或海底形成的。海中的浮游生物死后沉到海底，由于海底缺乏氧，所以浮游生物的遗骸并不会腐烂，而是堆积在海底。

❷ 经过了一段时间，这些浮游生物的遗骸被淤泥和沙石覆盖，受到高压和高温的作用，于是在1亿～4亿年前形成石油。但是在形成过程中，浮游生物必须经由特定细菌的分解才会形成。

❸ 由于板块运动，板块和板块相互挤压，地层也发生了变动。石油比较轻，所以会往上方移动，在接近地表的某些地方大量累积，成为今日所发现的油田。

➜ 你知道吗?

位于加勒比海的千里达岛有一座沥青湖！这座湖的面积相当于60座足球场。在漫长的岁月中，沥青不断向上移动和累积，最后被人们发现。石油中密度较小的成分蒸发后，剩下的称为沥青，是绝佳的道路铺料、防水防腐涂料和电气绝缘材料。

污染生态的罪魁祸首

煤和石油都是由死去的生物所形成，而构成生物的基本物质除了水以外，最主要就是碳了。

对于气候、生态和人类的危害

煤炭或石油燃烧时，碳会和氧结合，形成二氧化碳。自从地球形成以来，二氧化碳就存在于大气中。二氧化碳会形成天然的保暖层，当阳光穿过大气层进入地球表面之后，会通过辐射的方式释放到太空，此时有一部分的辐射会被二氧化碳等气体吸收，再释放出来回到地表，使得地表温度逐渐上升，犹如一个大温室，称为“温室效应”。可是一旦二氧化碳在大气中所占的比例提高，将使得更多的辐射能量停留在地表，气温就会越来越高，这种气温逐年升高的现象就叫全球变暖。最后导致南北极的冰川和浮冰融化，当地的生态环境将受到影响，动物可能因此找不到食物，只好迁移到其他地区、甚至死亡。

公元2010年4月20日，一座名叫“深水地平线”的钻油平台爆炸起火，导致墨西哥湾附近的海岸遭受到严重的石油污染。

难以想象人类倾倒的垃圾也会污染海洋，塑料类垃圾更是海洋生态的头号杀手，对于海洋生物和人类都带来了莫大的危害。

知识加油站

▶ 能分解石油的细菌主要在温暖的海域生长，在寒冷的南北极繁殖速度却很缓慢，一旦有油轮在寒冷的海域发生漏油事件，后果就严重多了，想要靠细菌清除石油，可以说是缓不济急。

这是一片被漏油“浸泡”过的大地，尼日河畔居民居住的土地遭受到严重的破坏，他们几乎无法在那里生活了。

石油泄漏还会带来其他灾难，当载运石油的油轮在海上发生机械故障或翻覆，石油就有可能外泄而污染自然环境，称为漏油事件。石油对生物来说会造成很严重的伤害，一旦动植物沾上石油，就难以清除干净，例如石油会沾上鸟类的羽毛，使得鸟类无法飞行，最后落得饿死的命运。幸好这些外泄到大海的石油并非永远无法清除，大自然中存在某些专门分解石油的微小细菌，可是如果太多的石油外泄，这些细菌就需要花费几十年，甚至几百年的时间才能将所有的石油清除掉，因此漏油对自然环境造成的伤害就会持续更长的时间。

捕鱼是尼日河畔居民的重要经济来源，现在却因为海洋受到石油污染而使得渔获量减少。

漏油启示录

公元2010年，墨西哥湾发生非常严重的漏油事件，其中一座名叫“深水地平线”的钻油平台爆炸起火，将近4个多月，不断有石油从钻油孔中冒出并流入海洋，估计有超过8亿升的石油外泄。这次的灾难堪称史上最严重的漏油事件之一，而且在未来50年，漏油地点附近的海岸生态将持续受到影响。据说当地老旧的输油管仍然有石油不断地外泄，影响更为严重，而且无法预测漏油危机哪一天才能结束。许多当地的居民开始对抗这场漏油灾难，甚至不惜打官司。曾有民众对抗石油财团而打赢官司的成功案例，例如一名尼日利亚的农民远赴荷兰提出诉讼，最后法院判决在尼日利亚的石油公司必须赔偿农民的损失。

利用核裂变获取能量

所有我们知道的物质，包括物品、生物、水、空气等，都是由原子构成。原子的种类很多，而每一种原子就是一种元素。

为什么原子核里蕴藏着能量?

每个原子的中央都有一个非常微小的原子核，另外还有更微小、带着负电荷的电子围绕着原子核。简单地想象这些电子是以非常快的速度绕着原子核运行，而原子核本身又是由带正电荷的质子和不带电荷的中子所组成。当一个原子核包含好几个带正电荷的质子，依照同性相斥、异性相吸的原理，质子不是应该会互相排斥吗？难道原子核不会崩解吗？原来其中有另外一种力量在对抗质子之间的排斥力，这种让原子核里的质子和中子紧密结合的力量称为“核力”，又叫“核束缚能”。如果有其他的力量能够对抗核力，将原子核分裂成两个部分，就能释放出部分的能量。虽然原子核很微小，释放出来的能量却是相当惊人呢！可是要怎么让原子核分裂呢？其实说来也不难，只要让一个中子去撞击原子核就行了！这时原子核会吸收中子并且分裂成两个原子核，周围的电子也会重新分配，于是原本的一个原子就变成两个原子了。

核能发电厂的冷却塔

高温的冷却水在冷却塔蒸发上升，遇冷而凝结成小水滴。

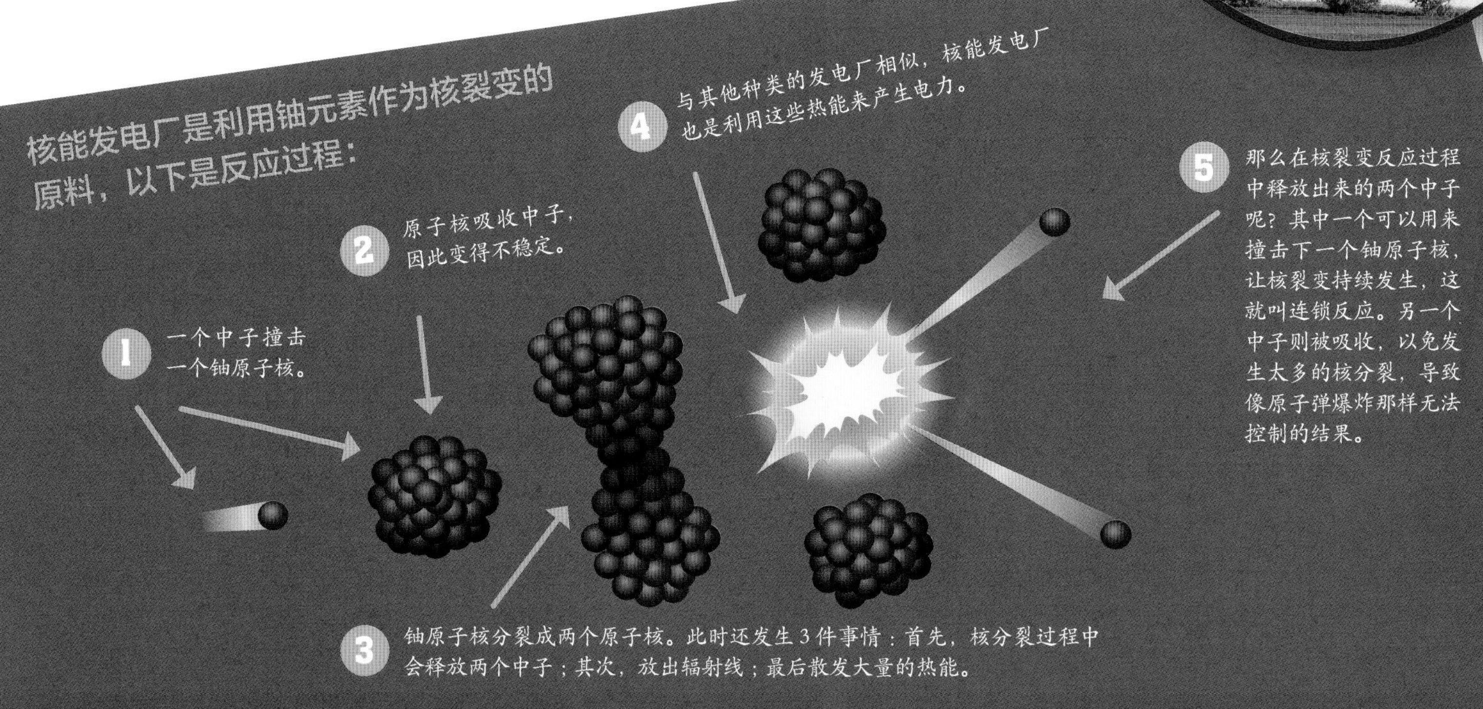

核能发电厂是利用铀元素作为核裂变的原料，以下是反应过程：
1 一个中子撞击一个铀原子核。
2 原子核吸收中子，因此变得不稳定。
3 铀原子核分裂成两个原子核。此时还发生3件事情：首先，核分裂过程中会释放两个中子；其次，放出辐射线；最后散发大量的热能。
4 与其他种类的发电厂相似，核能发电厂也是利用这些热能来产生电力。
5 那么在核裂变反应过程中释放出来的两个中子呢？其中一个可以用来撞击下一个铀原子核，让核裂变持续发生，这就叫连锁反应。另一个中子则被吸收，以免发生太多的核分裂，导致像原子弹爆炸那样无法控制的结果。

以生命为赌注：福岛核能发电厂的救援工作。

仙台

福岛

东京

日本

为什么核能如此可怕?

核能发电厂需要许多严密的安全措施。核裂变反应过程所释放出来的高能量中子和辐射对人体都有害，必须加以防范。这些辐射会攻击身体内的细胞，很可能导致癌症；如果辐射量过大，甚至在短短几分钟之内就能致命。所以核能发电厂必须建造好几层厚实的墙壁，并且利用特制的控制棒吸收高能量中子。当核能发电厂出现异常状况时，工作人员必须迅速插入控制棒，让核裂变反应立即停止。

另一项重要的安全措施是紧急供电系统，使紧急应变设施在断电时还能继续运作。紧急冷却系统就是紧急应变设施的其中之一，因为即使顺利让核裂变反应停止，铀的温度仍旧非常高，如果没有进行冷却，燃料棒就会熔化，称为堆芯熔毁。像堆芯熔毁这样的严重事故，在 1986 年，乌克兰的切尔诺贝利核能发电厂就曾经发生过；2011 年，日本东北部外海的强烈地震引发了浪高 15 米的海啸，也造成福岛第一核电厂部分的堆芯熔毁，6 支燃料棒之中就有 4 支出问题，导致一连串的灾难。

虽然核能发电厂设下各种严密的安全系统，从历史经验看来，还是避免不了这些事故发生的可能性，一旦这些事故发生，又往往伴随其他严重的问题，最后变得一发不可收拾，切尔诺贝利和福岛的核能事故造成的影响依然持续好长一段时间。

除此之外，核废料也是核能发电的一大问题。核废料是指使用过、但仍不断释放致命辐射的铀棒，以及其他具有放射性物质的废弃物。核废料通常会装在厚重的容器里，例如：铅桶。

不过至今没有人能够确定，哪里才适合永久存放这些核废料，或许埋在地底深处，像是废弃的矿坑里。可是这些核废料要经过好几千年之后，才会衰变到安全无虞的状态，在这之前，有谁能确保这些地方永远都不会发生地震，以免核废料外泄对自然环境造成污染呢?

即使有一天，所有的核能发电厂全都关闭了，还是有大量的核废料问题仍待解决。

大自然两大力量的论战——太阳与风

各位女士、各位先生和各位活力充沛的朋友，今天邀请到两位重量级选手，在我的左手边是独一无二又非常火热的太阳；在我的右手边是时而温柔、时而狂暴、活力十足的风！或许大家已经猜到，今天我们要辩论的题目是……

我知道，我知道，我们要辩论的是能源！毫无疑问，我绝对是这方面的专家，看看我不断地散发出 $4x10^{26}$ 瓦的能量，就知道到底谁才是最强大的能源！

等一等！你少在那边吹牛了，你只不过是一颗由气体组成的火球罢了！

希望你能明白，没有太阳就没有风！想一想是谁把冷空气变暖和、使空气流动呢？而且要不是我持续让海水蒸发，天空恐怕连一朵云都没有呢！

说到云，一点也没错，当你被云遮住的时候会怎么样？你就有借口躲起来，结果天气越变越糟糕，世界变得很昏暗，感觉又冷又寂寞，就算你活力四射，阳光照射不到地面，人们又要怎么使用太阳能呢？

太好了！切入今天我们要探讨的话题：人类要怎样借由你们的力量获取所需的能量呢？

这还需要问吗？我打从出生以来就不断吹着风，而且在几千年前就让风车转动了。如果没有我，帆船就无法前进。先让我想想看，我是什么时候开始吹动帆船呢？啊！那已经是 5000 多年前的事了！至于太阳，不过是最近才有人开始稍微注意到你。你自己说吧！太阳能电池是什么时候才出现的？请说实话。

我照，我照，我照，照得你落荒而逃！

那又怎么样，这并不表示你比我厉害。那种古老又破旧的风车怎么比得上现代最新科技呢？你一定没看过太阳能数组吧！当我照射在一片片的太阳能板上时，它们并不会有像船帆摆动所发出的嘈杂声音，太阳能板是我见过最美、最优秀的高科技产品。当然，太阳能发电简直是不可思议的魔法啊！

你还是搞不清楚状况，只要我让云将你遮住，你就发挥不了任何作用，尤其到了夜晚，你更是黯然失色了。我可不一样，不论白天或黑夜，我总是从海洋吹向陆地，从陆地吹向海洋，从来不会令人失望。

我吹，我吹，吹得你落荒而逃！

你在吹牛！事实上你想吹就吹，不想吹就停下来偷懒。甚至有时候吹得太强，连风车都快被吹倒了！看来人们也不能完全相信你。

嗯，看来你们两个都不是百分之百可靠，还有没有其他更有说服力的说辞呢？

嗯……也许人们都需要太阳和风，只是要看适当时机来加以利用。如果我的风力够强，就能提供风力发电，即使夜晚的时候也行……

……还是我比较值得人们信赖啦！可以搭配水力、潮汐力一起发电……喔，对了！还有生物能源啦！

谢谢啦！你把我说得太好了，人家都很不好意思啦！

而且老实说，如果没有太阳，植物和动物无法生存，也就没有煤和石油。更何况阳光完全免费，而且太阳还能维持现状好几十亿年，造福人类后代子孙呢！

5600℃

太阳——大型发电厂

太阳的表面温度约5600℃，炽热得令人难以想象，但是和太阳中心相比，算是小巫见大巫呢！太阳的中心温度高达约1500万摄氏度，而这么高的温度使得原子激烈运动，彼此互相撞击、融合。

太阳中心的温度这么高，氢原子无法维持原来的形态，变成带电的粒子，称为电浆。电浆包含带正电荷和带负电荷的粒子高速运动，其中带正电荷的氢原子核（太阳的主要成分是氢）融合成氦原子核，称为“核聚变反应”，反应过程中都会产生能量。

为什么太阳会发光？

太阳的中心进行核聚变反应的过程中，会产生大量的光和热，并且以辐射的形式脱离太阳表面，向四面八方的太空传递出去，地球则接收到其中一部分。

➡ 刷新宇宙纪录

氢是宇宙中含量最多的元素，大约占所有元素的90%，远远多于排名第二的氦。

太阳是能量的重要来源

在太阳的中心，每1秒钟大约有400万吨的氢原子核进行核聚变反应，并且产生能量，这些能量包括热、可见光和其他电磁波，离开太阳表面之后，只需要约8分钟的时间，就能抵达地球。虽然地球接收到的只是太阳释放能量的一小部分，但是足够让地球上的生命繁衍和演化。如果能将太阳在一秒钟内所释放出来的能量全部储存起来，就能满足全世界100万年的能源需求！作为一个太阳系最大的核聚变反应炉，估计太阳还能稳定地提供源源不绝的能量约50亿年。

日　珥

日珥是太阳表面喷射出的炽热气体，并且受到太阳磁场的牵引而产生的现象，通常呈弧形或喷泉状，最远可延伸约10万千米远。在地球上观察日全食时，有时用肉眼就可以看到日珥。

知识加油站

不论你信或不信，原来地球上的生物都是由星际物质构成的！在很久很久以前，宇宙中有一颗恒星正步入死亡，将大量含有重元素的尘埃和气体抛向太空，后来这些尘埃和气体又再度聚集在一起，逐渐形成恒星和行星，地球也是这样形成的。后来地球上发展出生命，所以可以说人类也是星际物质再利用后的产物。

植物——太阳能发电厂

太阳对于植物来说非常重要，植物借由阳光获取生长所需的能量，这样的过程称为光合作用。植物进行光合作用时，除了阳光之外，还需要水和空气中的二氧化碳。

植物如何利用太阳能?

光合作用是在绿色植物的叶子里进行。叶子中的叶绿体在阳光的作用下，把经由气孔进入叶子内部的二氧化碳和由根部吸收的水分转变成为葡萄糖。葡萄糖能够提供植物能量，就像食物提供人体能量一样。

这时还会产生另一种东西，也就是氧气。

所以植物对地球有很大的贡献，如果没有植物，大气中就没有那么多的氧气，地球上的生物可能无法生存下去。少了植物，人类也可能不存在了。

除此之外，植物还有更多好处，它们能够吸收大气中的二氧化碳。因为人类建造火力发电厂、汽车、飞机等，把大量二氧化碳释放到大气中，对地球造成危害，所以我们更应该珍惜每一棵树，而且还要种植更多树木，而非任意地砍伐原始森林。

植物能自给自足

植物利用二氧化碳进行光合作用，而二氧化碳也是人类和其他动物每天排放的气体。如果没有人类和其他动物排放二氧化碳，植物还能继续存活吗？答案是肯定的。因为除了光合作用，有些植物也能吸收氧气，然后把二氧化碳释放到空气中。换句话说，人类必须仰赖植物，但是植物即使没有人类，也可以活得很好。

大惊奇!

早在约 30 多亿年前，蓝绿藻就开始接收阳光进行光合作用，一点一滴地将许多氧气释放到大气中。

阳光 + 水 + 二氧化碳 → 葡萄糖 + 氧气

约45亿年前地球诞生

蓝绿藻

约35亿年前出现光合作用

知识加油站

叶绿体是绿色，所以植物的叶子也是绿色。可是为什么叶绿体是绿色呢？原来叶绿体含有叶绿素，叶绿素是一种会吸收太阳光中的红光和蓝光的物质，并且反射绿光。当绿光反射到我们的眼睛，就看到叶子是绿色的了。

约5亿年前寒武纪生命大爆发　现在

PS10 太阳能发电塔

“PS10”是西班牙的发电厂，有624个可以调整方向的定日镜，把阳光聚集在高约115米的塔上，再利用热能产生的水蒸气制造电力。

1 集光型太阳热能发电厂

人们如何利用太阳能？

人类研发出各种从阳光获取能源的技术，其中常见的有：

1 集光型太阳热能发电厂：这种设备先利用阳光将某种物质（例如水）加热，再利用产生的蒸气来推动涡轮机，制造电力。

2 太阳能热水系统：可将太阳辐射能转换成热能来加热水温，以作为供应家用洗澡热水等用途。

3 光伏发电系统：它也称为太阳能电池，它们把太阳能转变成电能。

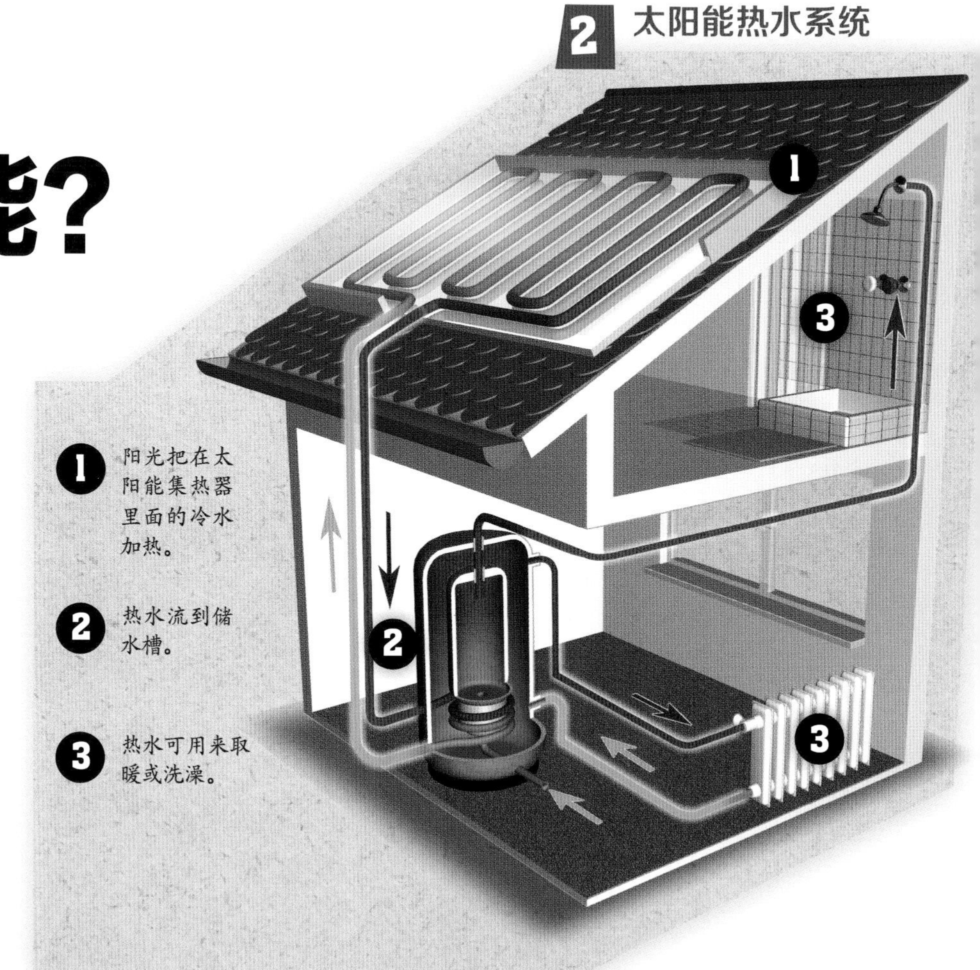
2 太阳能热水系统
1 阳光把在太阳能集热器里面的冷水加热。
2 热水流到储水槽。
3 热水可用来取暖或洗澡。

3 太阳能电池（光伏电池）

在阳光的照射下，PN 结的结区内会产生许多的电子（带负电粒子）和空穴（等效的带正电粒子）对。结区内的内建电场，会驱使电子运动到 N 区的边缘，并使空穴运动到 P 区的边缘。当电池两端与灯泡电路连接时，电子就会从负极流出，经外电路到达正极形成一个通路，使得灯泡发光。

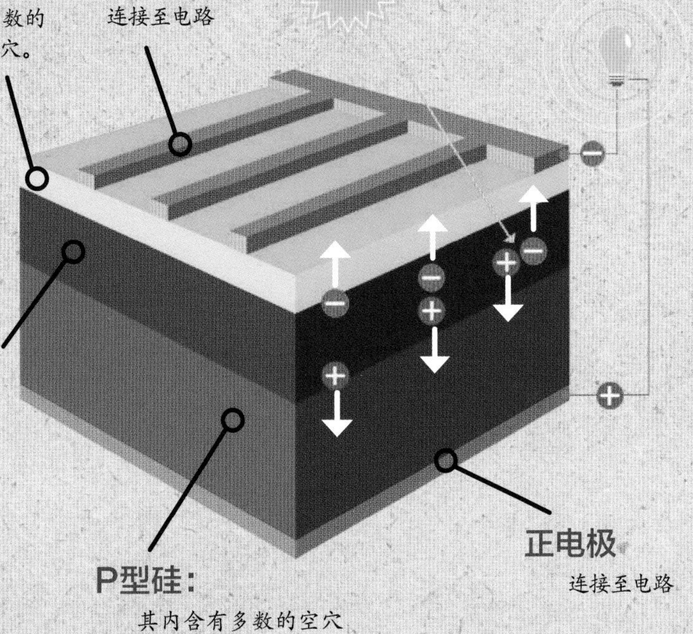

N型硅：
其内含有多数的电子和少数的空穴。
负电极
连接至电路
PN结：
当 N 型硅和 P 型硅接触时，接触边界的两边会形成 PN 结，其内有一个内建电场。一旦阳光进入此区，便会产生电子－空穴对。在电场的驱动下，电子移向 N 区边缘堆积，空穴移向 P 区边缘堆积。若外接电路形成通路时，则太阳电池即可对电路中的电器提供电能。
正电极
连接至电路
P型硅：
其内含有多数的空穴和少数的电子。

阳光造成的电子运动

人类利用太阳能最巧妙的方式大概就属太阳能电池了，这种设备可以产生电流。为了产生电流，必须先将正电荷和负电荷分离，驱使的动力就是来自阳光。但是这种方法只有透过半导体才办得到，而深蓝色、闪亮的硅是常使用的半导体材质之一。

大众汽车公司在美国的查塔努加太阳能园区，提供电力给美国田纳西州查塔努加生产线来制造帕萨特车系。

太阳能可以解决能源问题吗？

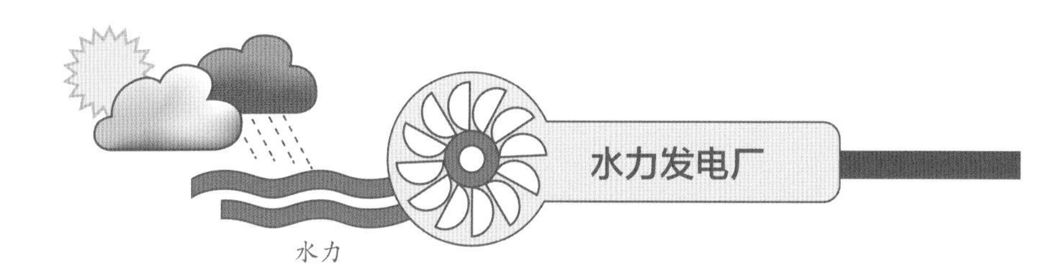

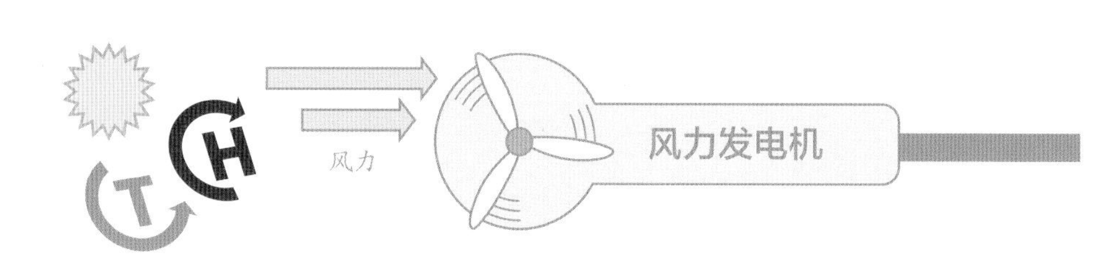

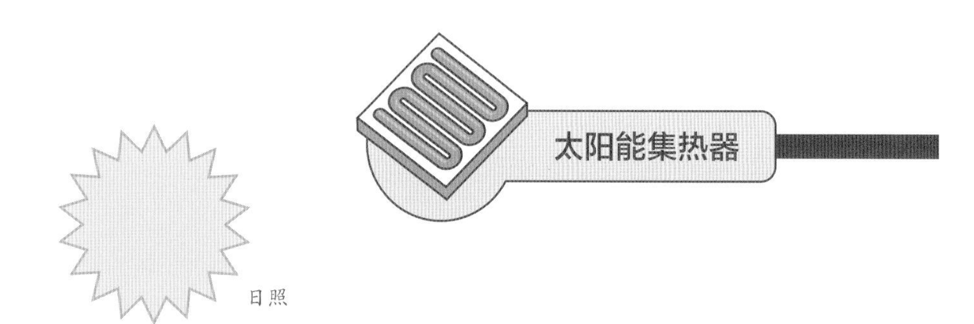

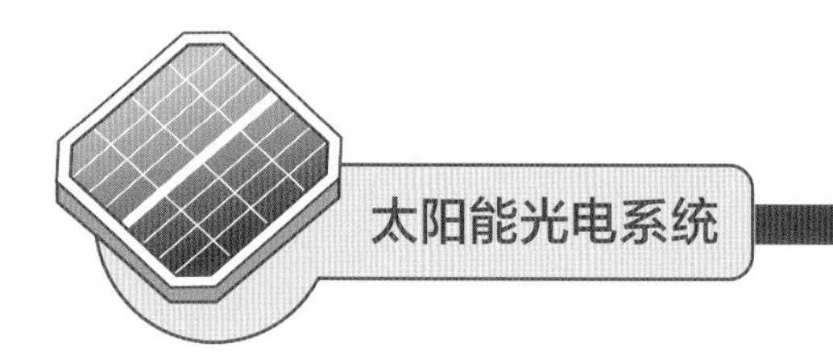

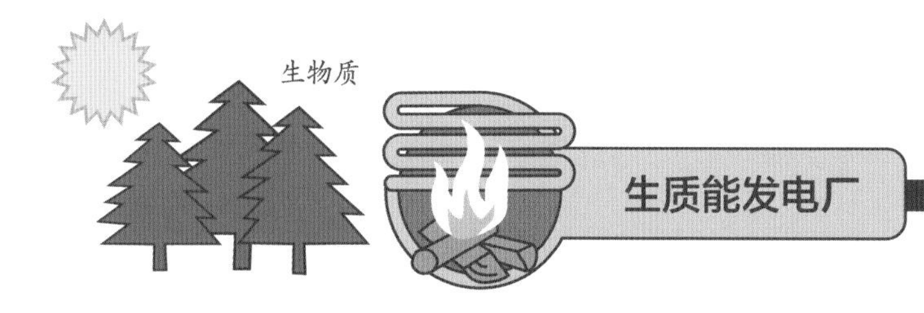

看来太阳能是一种源源不绝的能源，但为什么我们却还在使用火力和核能发电呢?

为什么只有太阳能还不够?

如果技术够成熟，则可像植物进行光合作用般，将太阳的能量转换成可以使用的能源。那时，我们也许就能放弃其他的能源了。但可惜只有植物能轻松办到。世界上第一批的太阳能电池制造时所消耗的能源，比它们所能供应的还要更多！幸好，这种情况早已改善，但我们还是不能忘记，太阳能电池并不会像树木一样，自己长出叶子来。

所以，在无法任意建造大量太阳能发电设备的情况下，反而必须仔细考虑适合的设置地点。例如：在冬天，几乎没有阳光的地方就不适合，以德国为例，不同的地区有明显的差异，德国的南部显然比北部更适合。

幸好，地球上有些地区阳光充沛，天空经常万里无云，非常适合利用太阳能。但是这又出现了另一个问题：能源要如何输送?

毕竟，生活在挪威的人也想要用电灯和热水呀！而且很可惜的是，电力输送的过程还是会损失能量的。

太阳能板

卫星也利用太阳能电池获得需要的能源，但前提是在运行的轨道上必须能接收充分的日照。

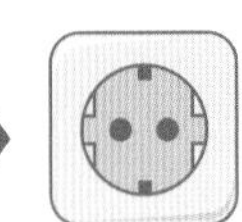

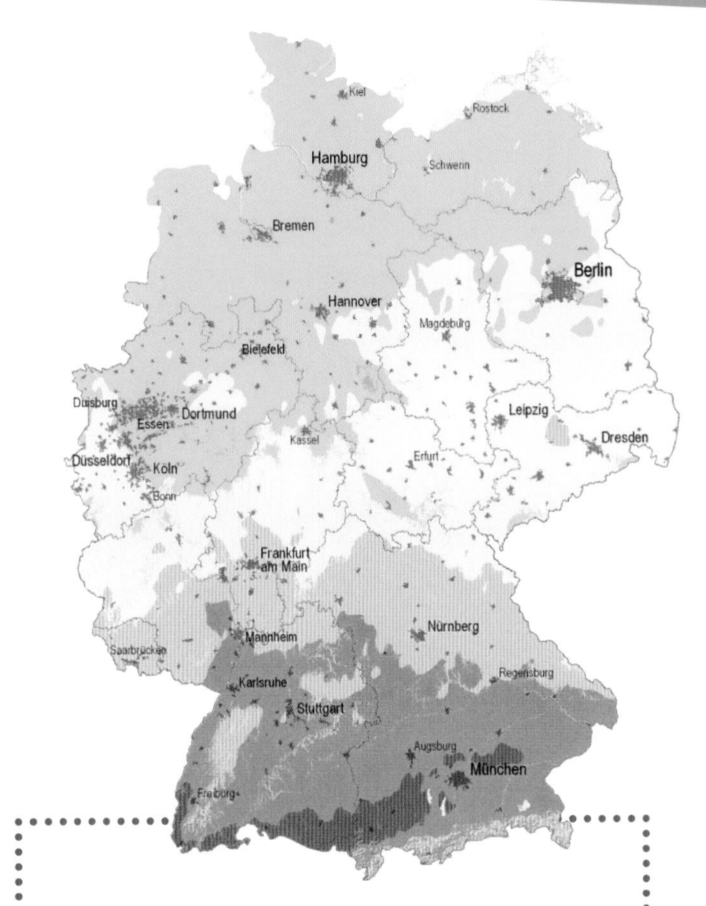

利用太阳能独立供电

太阳能的一项优点，便是解决了偏远地区电力输送的问题。在阿尔卑斯山上某栋小屋的屋顶上，只要装设小型的太阳能光电系统，不需要将电缆从平地拉到那里，就可以有足够的电力了！这种单一自我供应的能源系统叫独立系统。一枚卫星利用太阳能电池获取运作所需要的能源，也是一种独立系统。

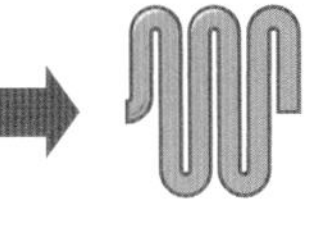

所以，不论在阳光充沛的地区还是偏僻的地区，太阳能都非常合适。但如果世界各地的人都希望改用绿色能源，就得利用各种不同的方法获取能源。

德国全国多年平均日照分布

绿色：低于 1100 千瓦时 / 平方米

浅绿色：1100~1150 千瓦时 / 平方米

浅黄色：1150~1200 千瓦时 / 平方米

黄色：1200~1250 千瓦时 / 平方米。

橙色：1250~1300 千瓦时 / 平方米。

深橙色：高于 1300 千瓦时 / 平方米。

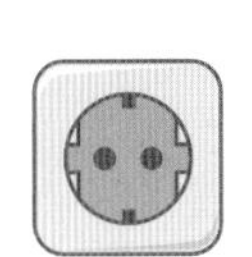

高山上的太阳

位于偏僻地区的房屋借助科技就可利用太阳能。

直立高耸的风力发电机

现代的风力发电机和从前的风车差别极大，由于高处的风力比较强，所以风力发电机顶天而立，好几架风力发电机聚集在一起就是一座风力发电厂。

风力发电机利用最直接的方式产生电力，因为只要叶轮转动就可以替代涡轮机，而在叶轮后方的发电机，可以把叶轮转动的能量变成电力。

风力发电机为什么要设置在海上?

树木、房屋、山脉等都会阻碍风力，在宽阔、平坦、风速大而稳定的海上最合适。把风力发电机设在海上还有几个原因：

1. 因为叶轮转动时会发出嗡嗡声，设置在海上对人类的干扰最小；如果设置在陆地上，会影响附近居民的生活。

2. 转动的叶片可能会造成鸟类和蝙蝠的死亡。但有个办法可以解决这个问题：当强风出现时，鸟类和蝙蝠通常不会出没活动，这时再启用风力发电机；而风力太小时，本来就无法有效产生电力，便可暂停风力发电机的运转。

3. 装设风力发电机时的打桩工程会制造强烈的噪声，影响海中听觉非常敏锐的鲸豚，因此科学家目前正在研究，希望找出让噪音最小、或可以阻隔噪声的方法来施工，例如制造气泡帘幕来阻隔噪声。

风 力

风力是一种源源不断、洁净的永续能源，能用来制造电力，但最主要的缺点是无法准确预测风的强度和方向。

旋转轴
每分钟旋转20到35次。
刹车器
风速高于每小时120千米时，刹车器就会启动，以免叶片受损。
叶 片
平均长40米，这种具有3叶的风力发电机稳定性良好，是效能最高的设计。

在令人头晕的高度执行工作。许多风力发电机的高度和科隆大教堂差不多。

气泡帘幕
工程船在施工现场放置环状的喷气管，等打桩平台定位，就启动压缩机，把空气吹进喷气管内，在海中形成气泡帘幕来隔绝噪声。
大惊奇！
2005到2012年，德国设置了许多新的风力发电机，从风力取得的能源提高为4倍！
发电机
发电机把机械能转换成电能。
冷却系统
送风机送进来的风可降低发电机温度。
1 风
风使得风力发电机的叶片转动，产生机械能，再将机械能转换成电能。
4 输电系统
风力发电厂制造的电力离开发电厂，送往一般的输电系统。
3 风力发电厂
风力发电厂用涡轮机收集发电机生产的能量。
2 能 量
发电机产生的电能经由电缆线输送到变电设备。

水力发电——获取能源的好方法

美国的胡佛水坝拦阻科罗拉多河的水，形成美国最大的水库。这座水库不仅可以供应电力，也确保了这个地区的供水。

早在公元前300多年，古希腊人就发明了水车，来善用水流的力量。

水力带来电力

现代人更能充分利用水的力量。简单的磨坊水车早已过时，现在则是拦截河流，再利用倾泻而下的水流驱动装设在拦河坝附近的涡轮机来产生电力，这与传统的火力发电厂利用热能驱动涡轮机的方式不同。

水力发电是一种被广泛应用的可再生能源，因为太阳能或风力的供电量都不如水力发电来得稳定，如果想改用可持续能源，就绝对少不了水力发电。

大型的水力发电厂也面临很大的问题：河流如果被拦阻成为巨大的湖泊，附近广大的地区就会被水淹没，不只破坏了当地自然生态环境，许多居民也必须迁移到其他地方。例如中国为了建造三峡大坝，超过100万的居民被迫离开原来居住的村镇和城市，许多房舍和古迹因此被淹没而消失。

所以，我们必须好好思考，为了获取能源，必须付出什么样的代价。

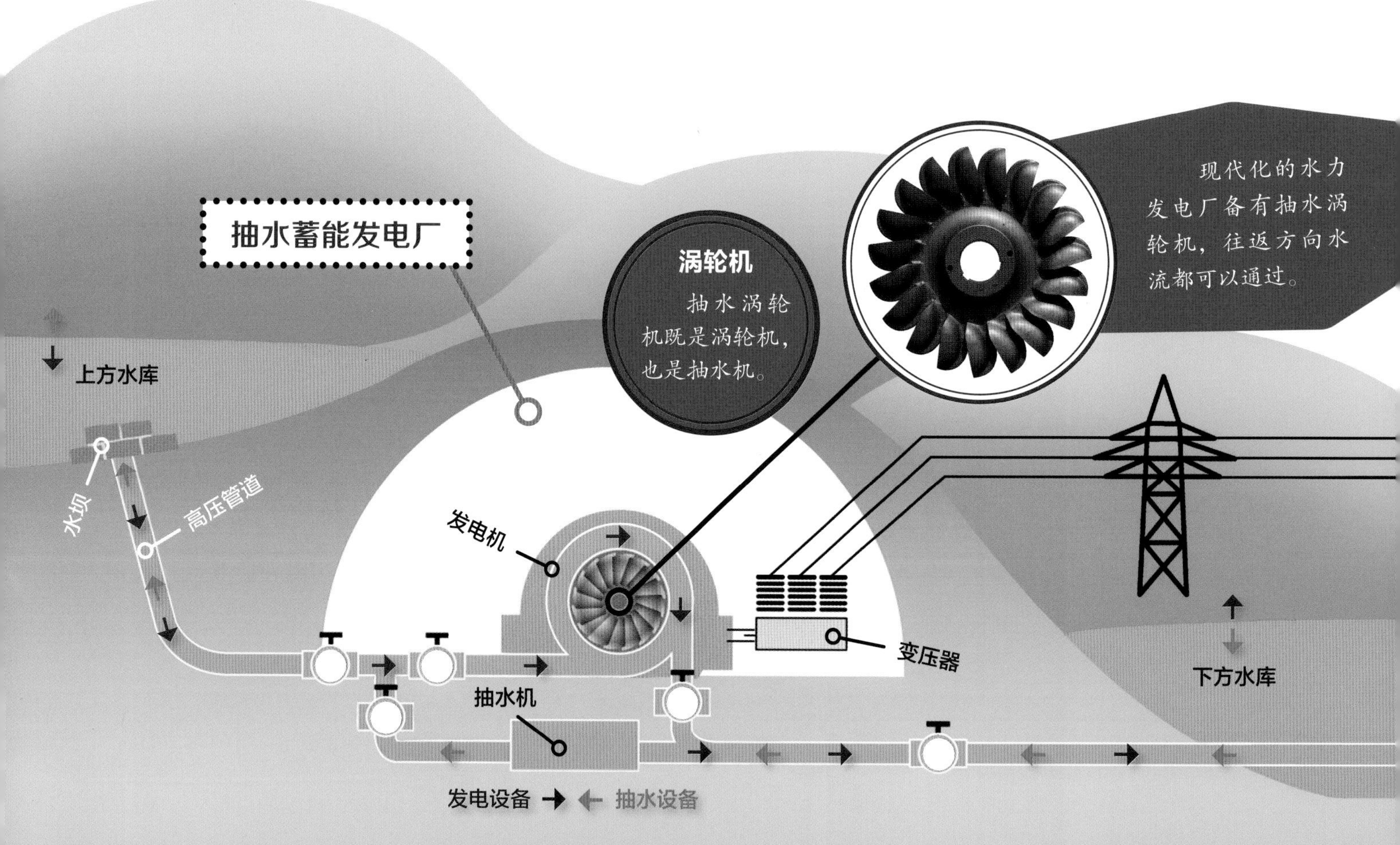

胡佛水坝的坝体高约为 221 米，顶端厚度约 14 米，基底厚度约 201 米。

巧妙的办法

抽水蓄能发电厂利用上方和下方两座水库，在电力需求小的时段（通常是夜晚）利用多出来的电力把水经由高压管道抽取到位于高处的水库；到了高峰用电时段，电力需求比较大的时候，就让水流转动涡轮机和发电机来产生电力。

全球的可再生能源

北美洲

太平洋

南美洲

随着未来从可再生能源获取的电力越来越多，对于电力储存的需求也会增加，这时可再生能源的运用就会出现问题。

风力和太阳能设备适合建造在海上和赤道附近等风力和日照充沛的地方，但电力也必须从那里输送到别的地方供人们利用。幸亏在能源转型政策的倡导下，有越来越多小型设施出现，例如太阳能光电系统、屋顶上的太阳能集热器和村落之间的风力发电机等。

如果日照和风力都很充沛，产生出多余的电力时该怎么办？其中一项解决办法就是“智慧电网”：当剩余的电力过多时，聪明的仪器就会像启动洗衣机的开关，或是开始帮电动车的电池充电那样。

地 热

在冰岛的地壳底下，主要蕴藏地热能，这座火山岛是善用地热能的模范。但要能够供应未来全世界的能源需求，则需要冰岛所有地热发电厂所制造的能源的 14000 倍。

太 阳

沙漠地区气候干燥、阳光充足，例如撒哈拉沙漠等地，适合太阳能发电。但如果要满足未来全世界的能源需求，就需要在如西班牙面积大小的土地上设置太阳能电池。

可再生能源

设置可再生能源的设备需要辽阔的空间，未来地球上有足够的空间供应我们的能源需求吗？答案是“有”！科学家估计，到 2030 年时，人类需要 19×10^{13} 千瓦时的电力，这表示全球必须制造 22×10^{12} 瓦的电力才行，而这又意味着我们需要……

风力发电机

设置的面积高达

3000000 平方千米

或

太阳能光电系统

设置的面积高达

500000 平方千米

或

风

在撒哈拉沙漠或北美大平原地区等辽阔、平坦的地方风力最强，但如果要满足未来全世界的能源需求，就需要在如印度面积大小的土地上设置风力发电机。

水

我们需要 1200 座像中国三峡大坝这么大的水库，总面积要如埃及面积大小，才能满足 2030 年时全世界的能源需求。

在世界各地，我们都能获得可再生能源来满足我们的需求。

1200 座
水力发电厂
设置的面积高达
1000000
平方千米

或

冰岛所有的
地热发电厂
制造的电力全部加起来的
14000 倍

地热——利用地球的热能

❶ 热水系统

某些地层含有热水，可抽取作为发电或供热使用。等水冷却后，再送回地底下。

❷ 热干岩法

利用高压将水送入炽热的地下岩层，等水加热后再抽取热水到局部地面上，用来产生电力或作为区域供热使用。

地热发电是利用地球内部蕴藏的热，这部分的热是源自地球诞生时。首先，在太阳系形成时，由气体和尘埃所组成的巨大圆盘绕着太阳转，后来圆盘上的气体和尘埃凝聚成小颗粒，小颗粒又聚集成小团块，即“微行星”。而这些微行星又会互相吸引结合，逐渐聚集越大，形成了今日的地球。由于聚集的过程中会加温和压缩，使得组成地球的物质变得非常炽热。

地热是什么?

现在地球最外层的地壳早已冷却，但内部仍然非常炽热，地球中心的温度更高达约5000℃！如果可以挖到那么深的地方，或许就能获得非常丰沛、但也非常危险的能源。不过，地球的中心离地表约有 6400 千米，虽然人们想尽各种办法挖掘，但是直到现在最多也只能挖到离地面约 12 千米深的地方。

不过，值得庆幸的是在地底下几千米的地方，温度已经非常高了。如果将水送入地下，让地球帮我们把水加热，再将热水抽上来后便可以加以利用了。

滚　烫

这就是地热发电厂的原理，超过 100℃的蒸气可以让涡轮机转动而发电。另外，地热发电厂也可以直接利用余热，把热水输送到附近地区使用，这叫区域供热。如果某座发电厂既生产电力又提供区域供热，就称为热电联产，这种方法比只生产电力更能有效利用地热，而且对生态环境的破坏较小。

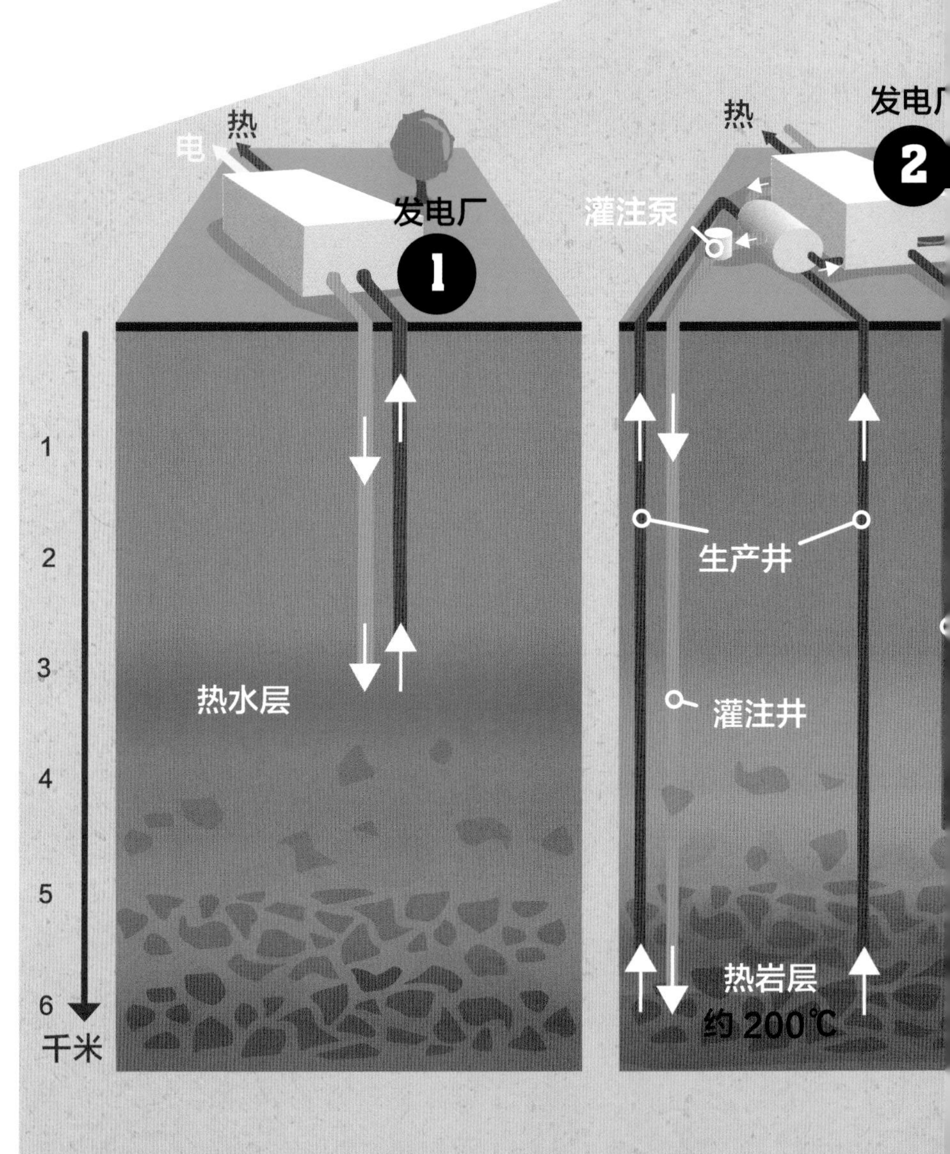

➜ 你知道吗?

准确来说，地球内部的热能一部分来自地球形成时，另一部分则来自地球内部的放射性岩石。就像核能发电厂,每当放射性原子分裂时，能量就会以辐射的形式释放出来。幸好这个过程发生在地底下很深的地方，所以我们几乎不会受到放射线的影响。

大开眼界

不必撒盐

冰岛首都雷克雅未克的人行道下方，铺有热水管，利用区域供热系统。冬天时，行人就不会在结冰的路面上滑倒。

100%
洁净

冰岛需要的电力完全由地热和水力发电供应。

电

把多余的热储存在地下

监测井

区域供热管

绿能岛上的地热

冰岛拥有数量惊人的活火山，因此这座位于北大西洋上的岛国所需的能源，主要仰赖遍布全国的地热发电厂，供应90%的家庭所需的暖气和热水。

直到今日，地球内部中心仍然是炽热的，所以地底深处一直蕴藏着丰富的能量，可以让人类获取电力或热能。这种从地球内部得到的能源就叫地热能。

生质能——燃料的另一种选择

如果把水力发电和地热发电所占的比例也计算在内，“生质能”在德国的可再生能源使用中名列第一，而且远高于排在其后的风力和太阳能，最后才是水力发电和地热。

生质能是什么?

首先要说明的是，生质能的英文虽然是“biomass energy”，但这里的“bio”和国际上一些有机标章上的“bio”可不一样。生质能里的“bio”，表示这是利用植物或动物来获取能源。例如：在客厅的暖炉里烧柴取暖，就将生质能转换为热能。

但不只是暖炉，发电厂也能利用生质能运转。如果大致区分，可以把生质能的材料分为四大类。

1 植物性废弃物：

在德国，焚化厂是现代生质能的来源之一，因为燃烧植物性废弃物时，能以热电联产的方式运作。只要妥善利用生物质，就可以获得很高的效能。

2 植物的一部分，例如木柴或干草：

生质能发电厂利用的不是一整棵的树木，而是木头碎片或木屑压合而成的细小木块。但遗憾的是，德国并没有禁用热带林木作为生质材料，我们不该砍伐热带森林，反而应该加以保护才对。

3 能源作物：

专为制造生质能而种植的农作物，也就是所谓的能源作物，例如：含油量相当高的油菜籽等，可以制造出生质柴油；玉米可以制造出生质酒精；而棕榈油则是压榨油棕榈的果实而得来的。

4 草食性动物的排泄物：

例如用牛粪可以制造可燃的生质气体。

2017年德国的再生能源量

57% 生质能

18% 风能

15% 太阳能

7% 水能

3% 地热能

能源作物

油棕榈的果实可制造出电力或液态的生质燃料，但果实易腐烂，采收后必须立刻加工。

猩 猩

在苏门答腊和婆罗洲使用火耕的地区，猩猩是最主要的濒危动物。

油棕榈只生长在赤道附近，也就是热带雨林区。为了大量种植油棕榈，有越来越多的雨林遭到火耕破坏。

生质能真的是绿色能源吗?

生质能是否真的对生态友善，这个问题必须针对不同的案例谨慎探讨。如果发电厂必须砍伐热带原始林以便获得生质材料，这种做法绝对大有问题。另外，在粮食不足的地区种植能源作物，争议也相当大。

但不管怎么说，生质能都是一种再生能源，原因有两个:第一，这些原料可以不断重新生长。第二，燃烧这些原料时虽然会排放二氧化碳，但是植物生长时也会从空气中吸收二氧化碳。

虽然有各种洁净的再生能源，但爱护生态环境最好的办法还是尽可能地节约能源！这里提供几种方法：

关 闭

电灯、水、计算机等具有“待机”功能的设备，可以利用装有开关的延长线，在不用时把电源关掉。

节约热水

以淋浴取代泡澡可以节省许多用水。水龙头的水量不要开太大，水温不要调得太高；洗碗机或洗衣机应等装满要清洗的物品时才启用。

节约取暖

在冬天寒冷的地区，有一大部分的能源都用来取暖，应该大幅减少屋里通风的次数，而每次通风时间也应该缩短。另外，最好穿暖一点，把暖气温度调低。

安装省水按钮！

将马桶水箱改装成两段式冲水，可以节省一半的用水量。如果是 4 个人的家庭，一年就可以省下约 2 万升的水（大约可以装满 133 个浴缸）！

节能的好方法

环保建筑

在德国南部的弗莱堡市有一处叫福傲班的环保小区，这里的房屋都有优良的隔热、隔冷效果，需要使用的能源极少，甚至有些房屋所生产的能源远多于住户所耗费的呢！这种建筑叫“增能房屋”。

太阳能塔“Heliotrop”是一栋增能屋，能像向日葵般随着太阳的位置转动，所以它的太阳能集热器和太阳能光电数组随时都能充分利用太阳的能量。

少开车

走路、骑自行车或是利用火车、公交车、地铁等公共交通工具，要比自己开车更好。

烹饪时盖上锅盖

“掀开盖子看一看”，这种行为所浪费的能源太多，因为每次掀开锅盖，就会有热逸散出来，最好选用可以紧闭的玻璃锅盖。

大惊奇！

如果世界上所有效能不好的灯都改成节能灯泡或LED灯，就能省下全世界1/20的能源消耗。

我们需要改用可再生能源吗？

约 50 年前，有一群科学家聚集在一起，自称为“罗马俱乐部”。1972 年，俱乐部里有一群成员共同撰写了《成长的极限》，他们注意到人类如果继续以目前的方式消耗煤、石油和其他有限的天然资源，很快就会面临莫大的问题，其中一个就是自然生态环境的灾难。

当时这些科学家的想法是：世人如果了解不能一直这样生活，大家就会改变想法！可惜一开始并没有任何改变，直到几十年后才开始出现了一些变革。现在，我们才真正努力想摆脱对煤、石油和核能的依赖，只是和自然生态环境所面临的威胁相比，人类的努力还远远不够。

阿达梅洛冰河

意大利特伦提诺省的这处山峰积雪已经融化，露出光秃秃的岩石了。

冰人奥茨

这名男子生活在 5300 多年前的青铜时代，在 1991 年被挖掘出来，他的衣物和携带的物品都还完好，这对科学家而言是一件令人兴奋的事，但这名“冰人”的出现同时也在昭告天下：全球变暖已经使冰河融解，露出原本被深埋在底下的东西了。

“北极星”号研究船在北极地区测量冰层厚度。

德国海洋地球科学研究中心的研究人员雅妮娜·毕玉舍和阿敏·佛姆博士正在研究日渐增加的二氧化碳含量是否对珊瑚造成伤害。（摄于他们的“雅歌”号潜水艇前）

濒危的北极熊

北极熊深受气候变迁的危害，因为它们必须在海冰上猎捕海豹，但海冰一年比一年融化得早，因此严重影响了它们的生存。

北极熊增加自己需要的脂肪来抚养宝宝的时间越来越少。

科学家在北极地区收集冰芯。利用冰芯能追溯80万年前到现在的气候变化。

能源转型政策为什么难以落实?

节约能源和改用可再生能源对人类来说为什么这么难？理由有很多，其中之一是人们过于短视了。气候变迁的影响目前就已经清楚可见，只是还没有发生在自家门前，而是远在北极或非洲地区，可能还要再等 50 年或 100 年，问题才会变得非常严重。当然，最好的办法是现在就采取行动解决这些问题，但有谁愿意为了这么遥远的未来伤脑筋呢？更何况还有许多人认为，保护生态并不是那么简单的事，因为工业发展需要许多能源，而且越便宜越好。加上工厂企业老板已经让许多人有工作养家糊口，所以不应该设立太多的规定。

认真对待这些反对意见并寻求解决生态问题的方法是非常重要的，我们不该只想到自己，只贪图眼前的方便舒适，必须为后代子孙和生活在南北极、面临生存威胁的生物着想。我们的地球需要能源革命，而且非常迫切。

由一群艺术家为中国台湾所设计的作品，表现的是人类收集闪电能量并加以储存的景象。可惜直到现在，这种取得能源的方式都还只是一种梦想。

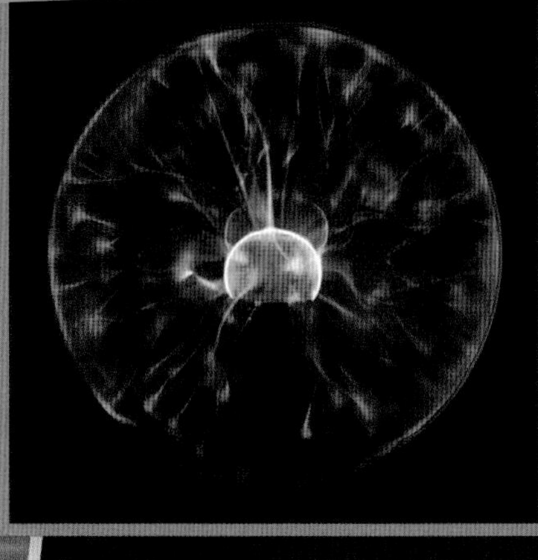

电浆球是尼古拉·特斯拉在1904年发明的。将一颗透明圆球在低压下充入气体混合物，通入电流时，里面带电的粒子会发出特有的光芒。

难以收集的闪电

雷雨时，闪电和震耳欲聋的雷声一定蕴含着许多能量吧？何况地球上每秒钟出现上百次的闪电，为什么不多加利用呢？

为什么不收集闪电？

雷雨时，天上的云层会“充电”，意思是由于风和云迅速移动，正、负电荷会分离，当电荷的电位差异太大时，闪电就会从正电荷往负电荷移动，以便消除电荷失衡的情况，所以闪电是一种放电现象。闪电的温度大约高达3万摄氏度，蕴含着大量的能量。可是这种放电现象只维持约0.001秒！这表示闪电的能量虽然足够让许多灯在极短暂的时间内亮一下，却无法持续太长时间。

虽然这样，如果能收集德国上空所有的闪电，就能满足德国的电力需求。

但这么一来又出现了另一个问题：10个闪电中有9个根本不会抵达地面，而是在云层之间放电，似乎不大可能建造至雷雨云层的高塔。何况由于强风的缘故，雷雨很快就会转移到其他地方，这表示不但得在所有地区建造收集闪电的设备，还需要研发出超级电池，以便在短时间内能储存大量的电能。与其如此，或许还不如多设置风力发电机和太阳能电池。

➡ 纪　录

被闪电击中虽然会造成严重的伤害，但10个人里只有一个是因此而死。被闪电击中最多次数的人是20世纪时美国的罗伊·苏利文，他一生中总共被闪电击中了7次。

知识加油站

闪电可以依照发生的先后顺序，再细分成几个阶段。

- 首先出现“先导闪电”，从云层开始形成曲折的路径抵达地面上某个突出的地方。
- 这条路径一旦形成，便会出现放电现象，而我们看到的就是明亮的闪光。这个闪电主要是由下往上，也就是从地面抵达云层的。
- 接下来通常还会发生几次由上往下、再由下往上的放电现象，只是这些过程进行得太快了，我们看到的只是一道闪光。

怎么保护自己的安全：

避雷针是引导闪电直接通到地面的装置，能保护我们避免雷击。如果待在装有避雷装置的建筑物里，不论是人或电气用品都安全无虞。遇上有闪电和打雷的天气时，必须注意下列事项：

- ◆ 千万别碰水、电线或电话线。
- ◆ 不可淋浴或泡澡。
- ◆ 在户外遇到雷雨时，应双脚并拢蹲下来，身体尽量缩成一团，而且最好躲在低洼的地方。
- ◆ 与树木、树林边缘、岩石尖端、电线杆、天线、小木屋等保持10米以上的距离。
- ◆ 足球场、牧场等空旷的户外场地也很危险。
- ◆ 骑自行车的人要赶紧停下来，并远离自行车数米远，寻找安全的地方躲避。
- ◆ 远离有水的地方，因为水是极佳的导电体，待在附近容易被闪电击中。所以洗澡时要尽快离开浴缸，如果在湖泊或海上搭船，也要尽快上岸。
- ◆ 夏天时要特别小心，5至8月是德国闪电最频繁的时候。

闪电是这么形成的！

雷雨云中吹着强风，产生摩擦，形成了大量的电荷，云层上方带正电荷，下方带负电荷，一旦电位差够大时就会放电，形成我们看到的闪电。

氢——未来的动力燃料？

氢是一种化学元素，氢元素是宇宙中含量最多的元素，远比其他元素多得多，太阳最主要的组成成分就是氢，不过地球上的氢含量就没有那么多了，而且也不是单纯地以气体的形式存在。氢会和其他元素形成化合物，例如：氢和氧结合，形成我们非常熟悉的液体，也就是“水”。

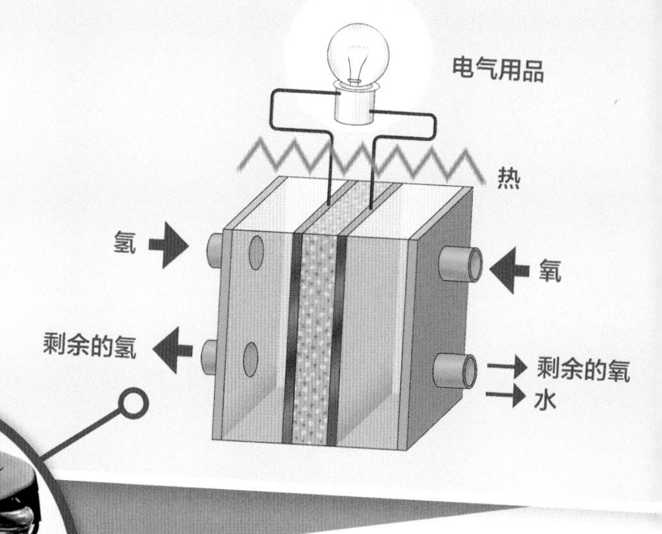

电动马达和燃料电池，是未来“绿能”汽车的重要组件。

洁净、高效能

不过，利用科学技术可以获得纯化的氢，而氢燃烧后能产生能量。氢能源有个最大的优点，就是不会产生废气污染，因为氢燃烧时只会和空气中的氧结合而形成水。

另外，氢也可以作为燃料电池的燃料，产生电力。在燃料电池中，不需要经过燃烧过程，氢和氧可以结合成水。这时，释放出来的能量，会直接以电能的形式提供给燃料电池。

以上两种方法均可产生能量。

用氢驱动汽车

世界各地都有科学家从事用氢作为汽车动力的研究。氢可以取代汽油或柴油，而氢燃料

电动马达

空气供应模组

供氢模块

燃料电池组

氢气储存槽

锂离子电池

电动车

电动车不会产生有害废气而造成气候变暖。

电池也已经运用在汽车上了。使用氢燃料电池的汽车虽然属于电动车，但可以自己产生电力，其他类型的电动车则必须带着电池，以便使用储存在电池里的电力。

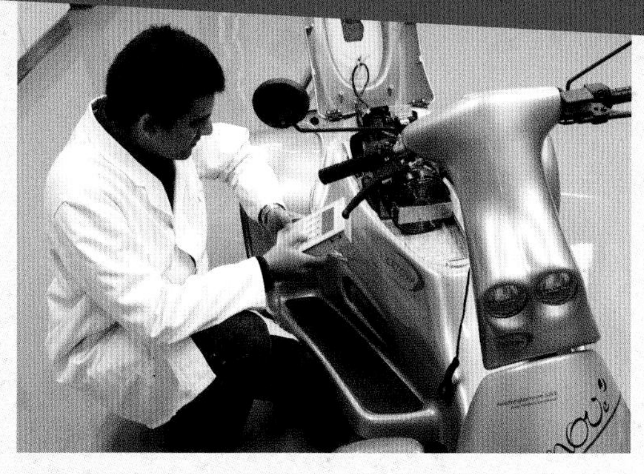

这款高速电动车采用的是甲醇燃料电池。

实验室工作

燃料电池必须先进行实验，才能实际应用。

汽车业从业者花费许多心力，为电动车研发新的马达、密封填料和各种管线。

不只汽车使用氢，火箭也可以利用氢的燃烧来发射升空。另外，有些潜水艇也使用氢作为动力。

但是，氢的运用还是有个棘手的问题要解决，在制造纯化的氢时，会产生可能造成全球变暖的二氧化碳，而且这个过程所耗费的能量和氢燃烧时释放出来的能量一样多，乍看之下，使用氢作为能源似乎是一种矛盾的策略！

作为备用能量储存

只有在阳光充足、多风，且有多余又无法作为他用的电力时，制造纯化的氢才划算，可作为储存的能量，需要时便能转化成可用的能源。另外，化学工业制造时所产生的副产品——氢，也可以拿来使用。

氢气所占的体积很大，因此以氢作为动力来源的汽车，后面必须载着装满氢的大桶，看起来真不方便！

知识加油站

- 1 升的汽油所含的氢比 1 升纯化的氢还更多！
- 1 千克的氢蕴含的能量是 1 千克石油的 3 倍！

未来的道路——更节能、更环保、更洁净

我们经常听到“赶快拯救地球的气候！”这句话，因为过去 100 年来，地球的平均温度上升得异常高又异常快，大部分科学家都认为，气温上升的原因在于人类自工业革命以来排放到空气中的废气，尤其是二氧化碳过多。到了今天，我们终于尝到了自己造成全球变暖的苦果，所以有责任阻止这种现象，而其中相当重要的方法就是能源转型政策：改用洁净、可持续的能源。

环保城马斯达尔城计划使用来自“太阳”的充沛的可再生能源。（“马斯达尔”的意思是“来源”或“出处”）

能源转型要怎么做？

马斯达尔城一旦建造完成，将会是人类史上第一座百分之百的环保城市。这座人工打造的城市位于阿拉伯联合酋长国的阿布扎比附近，从 2008 年开始建造，完成后将完全采用可再生能源，居民所耗费的能源只有一般人的四分之一。另外，马斯达尔城内完全没有汽车，只提供公共交通工具。

而位于中国东北方的天津，也在打造一处面积辽阔的环保城区，那里虽然没有完全采用可再生能源，但在成长迅速的亚洲城市中，天津已经跨出正确的一大步了。

在德国，平坦的地区则早就设置了许多风力发电机，建筑物的屋顶上也可以见到深蓝色的太阳能电池数组和太阳能集热器。另外，某些城市也出现了不少关于如何利用洁净能源的方案，例如：慕尼黑的某家出租车公司就全部改用混合动力车，目前已经拥有 42 辆，其中 21 辆甚至装有太阳能车顶。这些车排放的二氧化碳大约只有传统柴油车的一半。

洁净的规划案：天津市计划推动循环再利用的计划，并且以风力和太阳能获取电力。

德国慕尼黑的环保出租车以保护生态为宗旨，为德国能源的永续发展贡献力量。

来自沙漠的电力

最后还有一项超级计划“沙漠科技”，未来目标是串联使用世界各大洲的能源。这项计划有个永续的构想，认为再生能源应该在条件最佳的地区生产。例如：北非地区适合利用太阳能制造电力，这些绿色能源首先供应北非的国家使用。从 2030 年开始，可能有多余的电力可以经由电缆输送到欧洲。如果这个计划成功，将来就可以利用非洲的太阳能为德国的电动车充电了。

➡纪　录

10000 平方千米

位于玻利维亚西南方，海拔 3600 米高的乌尤尼盐沼是世界上最大的盐沼，面积超过 1 万平方千米。这里几乎没有水，但是蕴藏着几十亿吨的盐和大量珍贵的锂。科学家估计锂含量高达 500 万吨！锂可以用来制造电动汽车等所需的电池。

名词解释

原子能：核能的另一种说法。

二氧化碳：它是一种气体，化学符号是 CO_2。可以让阳光的辐射能量停留在地表久一点，进而维持舒适的温度。但是，如果二氧化碳太多，则会导致全球变暖。

生质能：它是一种利用木头、植物的一部分或动物排泄物（例如牛粪）等生质能材料获取的可再生能源。木头可以燃烧，植物油可以提炼出生质柴油。煤和石油虽然也是由生物的残骸形成，但它们不是生质能。因为它们无法在人类可以看到的时间内反复地形成，所以不能算是可再生能源。

生质酒精：“乙醇”就是酒精。一些富含糖（例如甘蔗）或淀粉（例如小麦或玉米）的植物，若能让它们发酵，则可生成生质酒精。

效　能：“进的少，出的多”要比“进的多，出的少”的效能高。比较起来，从同样数量的动力燃料获取最多能量的发电厂，其效能较高。

再生能源：例如太阳能、风能、水能等。可再生能源的来源可以在大自然里产生，并且源源不断。

化石燃料：例如煤、石油和核能。化石燃料在地球上的蕴藏量有限，煤和石油更会因为排放的二氧化碳等污染我们的生态环境。

核聚变：两颗非常微小的原子（例如两颗氢原子）融合成为一个原子核。直到现在，核聚变都仍只在实验阶段，还没有真正用来获取能源。

地　热：利用地球内部的热能。地热能是一种可再生能源，因为地球内部的热几乎是取之不尽，用之不竭。即使人们使用地热，地球的内部也不会因此而冷却。

全球变暖：空气中所含的二氧化碳（以及其他所谓的“温室气体”）过多时，地球表面的温度就会一年比一年高。自从人类开始利用化石燃料，这种过程已经进行了 100 多年。近年来，由于地球上的人口越来越多，人类消耗能源的速度也越来越快，导致全球变暖日趋严重。

核裂变：原子核（例如铀原子核）分裂成两颗原子核时，会释放出巨大的能量。

离岸风力发电站：设置在海上的风力发电站。

光合作用：植物借由阳光获取生长所需能量的一种过程。植物进行光合作用时，会把太阳光的能量转化成糖。

太阳能电池：利用“太阳光的能量”发电。

氧　气：和二氧化碳不同，自从地球上有植物进行光合作用以后，空气中才有了氧气。

太阳能集热器：是一种利用太阳能的设备，可以用来把水加热等。

光伏电池：太阳能电池。

太阳能：利用阳光制造的可再生能源。植物利用太阳的能量进行光合作用，人们利用太阳能电池数组、太阳能集热器，或是集光型太阳热能发电厂，来获取太阳的能量，产生热或电力。

集光型太阳热能发电厂：利用阳光的热能使某种液体蒸发，产生蒸气，以便推动涡轮机产生电力。

氢：一种元素或一种原子，它是目前我们所知最轻、也是宇宙中数量最多的原子，而且比其他元素都多得多。另外，氢也是未来的能源，燃料电池可以从氢获得电能，而且在这个过程中产生的废料只有水。

风能机：就是风力发电机。

风力发电机：借由高耸塔座上会转动的叶片，把风能转化成电力。

风力发电厂：几座风力发电机汇聚在一起，就是一个风力发电厂。不论在陆地上或海上，均可设置。

图片来源说明 / images sources:
123RF：38中左（mellimage）；Adrian Smith & Gordon Gill Design and Architecture：3下右，46-47背景图；Agentur Bilderberg：30上右（Francke）；Alfred Wegener Institut：40-41上（Stefan Hendricks）；Archiv Tessloff：13左（Kohleentstehung），32-33，34下；Blendinger，Johannes：26左，44上；Bundesministerium für Umwelt：45上右；ddp images GmbH：9上中，12中右（Sascha Schuermann），14上右（U.S. Coast Guard），25下左（Volkswagen/dapd），28下左（David Hecker/dapd），30下中；Deutsche Solar GmbH：25上（Dt. Solar GmbH）；DIAGENTUR Elke Stolt：39下中；Disch，Rolf：39上右；DLR：45中左，45上左；FOCUS Photo- und Presseagentur：2中左（Heiner Müller-Elsner），12背景图（Heiner Müller-Elsner），14中右（Alexis Rosenfeld）；Fotogloria：11中（Jan Michael Hosan）；Fotolia LLC：19上（Baltazar），22下右；GEOMAR Helmholtz：41上右（Maike Nicolai/Zentrum für Ozeanforschung Kiel）；GeoModel Solar s.r.o：27上右；Hennemann，Dr. Laura：35背景图；Holleben，Jan von：3中左，38-39背景图，45下右；iStock：1（Jennifer_Sharp），5下左（mbbirdy），42上中（whiterabbit83）；laif Agentur für Photos & Reportagen：27下右（Ruetschi/Keystone CH）；Laska Grafix：25下右；Mercedes：44中（Daimler-Chrysler），44下左（Daimler-Chrysler）；NASA：2上右，6-7，2021背景图，21下中；Nature Picture Library：37下右（Aflo），37背景图（Nick Garbutt）；Naturkunde-Museum Coburg：22下左；NOAA：41下左；Oliva，Daniel：11下左；picture alliance：4背景图（Ppalis Michalakis/Zoonar），5下右（Juergen Feichter），11上右（CFOTO），13下右（robertharding/Robert Harding Productions），15上（AKINTUNDE AKINLEYE/REUTERS），17中（Schachtanlage Asse），17上中（Issei Kato/AP Images），20下左（ANDRZEJ WOJCICKI/SCIENCE PHOTO LIBRARY），24下右（Arnold Metzinge），30下（Globus-Grafik/dpa-infografik），40下左（ROBERT PARIGGER），43上中（U.S. DEPT. OF THE INTERIOR），46上右（abaca）；plainpicture：2下右（Steve McCurry/Magnum），10下左（Frank Kappa），14背景图（Steve McCurry/Magnum）；Shutterstock：4上右（Monkey Business Images），5中左（Pavel Ilyukhin），5上右（bierchen），10中右（Gencho Petkov），10背景图（henmen87），11背景图（Roberaten），13背景图（Roberaten），13中（Aldona Griskeviciene），15下中（Tayvay），16中右（Vaclav Volrab），16下（BlueRingMedia），17中右（Lukiyanova Natalia/ frenta），17上右（Augusto Cabral），17背景图（Roberaten），18下（Triff），1819背景图（Roberaten），22中右（Africa Studio），22背景图（Roberaten），23下右（Tatyana Vyc），23背景图（vovan），25背景图（Roberaten），28-29背景图（Pola36），29中右（Blue Planet Studio），31背景图（CYSUN），33下右（phjary），34-35中（Roberaten），36下右（COLOMBO NICOLA），37中（Janelle Lugge），37上左（Dede Sudiana），38下（Calek），38中右（Lukas Gojda），39下右（Takra），41中（Anette Holmberg），45背景图（Roberaten），48上右（sellingpix）；Sol90images：3上右，28-29；textetage：8-9；the noun project：36下，43下；Thinkstock：26上右（Paul Fleet），32-33（Kollektion iStock），32下中（petovarga），32下中（Spectral-Design），32下右（hxdyl），33下左（Mike Saunders），42-43背景图（Stockbyte）；Umwelt-Taxi München：47上中；Vattenfall GmbH：29上；Vlastic，Milos Architekturbüro Vuk Djordjevic，Ana Lazovic，Milicia Stankovic（Serbia）：42上左；Weisflog，Reiner：8上右；Wikipedia：23下中（CC BY 3.0/Nobu Tamura），24上（CC BY 3.0/Koza1983），35上右（CC BY 2.0/Stig Nygaard），40-41背景图（PD/Fdbef），47下右（CC BY-SA 2.5/Luca Galuzzi - www.galuzzi.it）；www.tianjin-ecocity.com：46下中
封面图片：vario images e.K.：封1（licht gestalten）；picture alliance：封4（Planetsolar）
设计：independent Medien-Design

内 容 提 要

本书用精彩的图画告诉我们，煤和石油等化学燃料终将枯竭，阳光、风和水才是未来的理想能量来源。书中介绍了电的产生、核电、太阳能、风、水与地热能源。《德国少年儿童百科知识全书·珍藏版》是一套引进自德国的知名少儿科普读物，内容丰富、门类齐全，内容涉及自然、地理、动物、植物、天文、地质、科技、人文等多个学科领域。本书运用丰富而精美的图片、生动的实例和青少年能够理解的语言来解释复杂的科学现象，非常适合7岁以上的孩子阅读。全套图书系统地、全方位地介绍了各个门类的知识，书中体现出德国人严谨的逻辑思维方式，相信对拓宽孩子的知识视野将起到积极作用。

图书在版编目（CIP）数据

未来能源 /（德）劳拉·赫纳曼著；赖雅静译. --
北京：航空工业出版社，2021.10（2024.1 重印）
（德国少年儿童百科知识全书：珍藏版）
ISBN 978-7-5165-2756-6

Ⅰ.①未… Ⅱ.①劳… ②赖… Ⅲ.①新能源—少儿读物 Ⅳ.①TK01-49

中国版本图书馆 CIP 数据核字（2021）第 200049 号

著作权合同登记号
图字 01-2021-4067

Energie. Was die Welt antreibt
Dr. Laura Hennemann

未来能源
Weilai Nengyuan

航空工业出版社出版发行
（北京市朝阳区京顺路5号曙光大厦C座四层　100028）
发行部电话：010-85672663　010-85672683

鹤山雅图仕印刷有限公司印刷　　全国各地新华书店经售
2021年10月第1版　　2024年1月第8次印刷
开本：889×1194　1/16　　字数：50千字
印张：3.5　　定价：35.00元

WAS IST WAS
船的故事
从独木舟到远洋轮船

WAS IST WAS
飞机的秘密
人类飞行的梦想

WAS IST WAS
火山探秘
来自地球的火焰

WAS IST WAS
七大奇迹
上古时期的宝藏

WAS IST WAS
汽车世界
精彩的汽车发展史

WAS IST WAS
鲨鱼家族
海洋里的凶猛猎手

WAS IST WAS
百变天气
阳光、风和暴雨

WAS IST WAS
穿越大自然
探究与保护

WAS IST WAS
鲸和海豚
海洋里的哺乳动物

WAS IST WAS
恐龙王国
永远消失的地球霸主

WAS IST WAS
矿物与岩石
闪闪发亮的宝藏

WAS IST WAS
爬行与两栖动物
壁虎、林蛙和巨蜥

WAS IST WAS
大自然的力量
难以估量的威力

WAS IST WAS
改变世界的电
高电压与超导体

WAS IST WAS
各种各样的鱼
水下的奇妙世界

WAS IST WAS
猫的家族
拥有柔软脚爪的敏捷猎手

WAS IST WAS
奇境森林
动物和植物的天堂

WAS IST WAS
忠诚的狗

WAS IST WAS
浩瀚宇宙
宇宙的秘密

WAS IST WAS
狼的故事

WAS IST WAS
蚂蚁和白蚁
了不起的建筑师

WAS IST WAS
美丽的蝴蝶
色彩斑斓的自然精灵

WAS IST WAS
蜜蜂和胡蜂

WAS IST WAS
潜水的魅力
潜入水下的迷人世界

WAS IST WAS
古老的希腊文明
神祇、英雄和诗人

WAS IST WAS
古罗马生活
古罗马城的社会百态

WAS IST WAS
欧洲风情
人口、国家和文化

WAS IST WAS
骑士时代
城堡、比武大会和贵族女性

WAS IST WAS
舞动的音符
走进音乐的奇妙世界

WAS IST WAS
古老的城堡
中世纪的见证

WAS IST WAS
熊的秘密生活
棕熊、大熊猫、北极熊

WAS IST WAS
化石档案
生命的痕迹

WAS IST WAS
奇妙的昆虫
六条腿的生存艺术家

WAS IST WAS
极地世界
生活在冰雪王国

WAS IST WAS
神秘的蜘蛛
丝线上的猎手

WAS IST WAS
大象王国
温和的“巨人”

WAS IST WAS
海底宝藏
沉没的宝藏

WAS IST WAS
海洋之谜
海洋研究与保护

WAS IST WAS
火星登陆
红色星球定居计划

WAS IST WAS
忙碌的农场
动物、植物与农业机械

WAS IST WAS
时尚魅力
时尚的古与今

WAS IST WAS
全球气候
冰期和气候变化